Sudhir Mittal

Deteção e efeitos dos radionuclídeos naturais no ambiente

Sudhir Mittal

Deteção e efeitos dos radionuclídeos naturais no ambiente

ScienciaScripts

Imprint

Any brand names and product names mentioned in this book are subject to trademark, brand or patent protection and are trademarks or registered trademarks of their respective holders. The use of brand names, product names, common names, trade names, product descriptions etc. even without a particular marking in this work is in no way to be construed to mean that such names may be regarded as unrestricted in respect of trademark and brand protection legislation and could thus be used by anyone.

Cover image: www.ingimage.com

This book is a translation from the original published under ISBN 978-620-2-05930-5.

Publisher:
Sciencia Scripts
is a trademark of
Dodo Books Indian Ocean Ltd. and OmniScriptum S.R.L publishing group

120 High Road, East Finchley, London, N2 9ED, United Kingdom
Str. Armeneasca 28/1, office 1, Chisinau MD-2012, Republic of Moldova, Europe
Printed at: see last page
ISBN: 978-620-7-89093-4

PREFÁCIO

O trabalho foi realizado para a avaliação do risco radioativo devido a radionuclídeos naturais nos arredores dos distritos de Jodhpur, Nagaur, Bikaner e Jhunjhunu, no norte do Rajastão, Índia. Para o efeito, foram recolhidas amostras de água, ar e solo nas regiões investigadas, que foram analisadas através de várias técnicas passivas e activas. A totalidade da tese foi organizada em quatro capítulos

- O primeiro capítulo apresenta as linhas gerais da introdução e da revisão da literatura sobre a origem da radioatividade natural, a história das radiações e os seus tipos e os efeitos nocivos das radiações ionizantes. Este capítulo inclui uma breve explicação sobre as fontes de radiação, as exposições (devidas a fontes naturais e artificiais), a atividade da radiação, as unidades, as vias de exposição, os efeitos da radiação e a sua medição de acordo com os diferentes tipos de doses. As políticas e regras indianas de proteção contra as radiações também estão incluídas neste capítulo. A revisão pormenorizada da literatura que trata dos radionuclídeos naturais foi descrita. Os objectivos do presente trabalho são também mencionados neste capítulo.

- O segundo capítulo contém uma descrição pormenorizada dos materiais e instrumentos utilizados no presente estudo. A descrição dos vários instrumentos, tais como o dosímetro de orifício, o ICP-MS, o RAD7, o agitador de banho de corrosão e o contador de faíscas, é apresentada neste capítulo. Para o presente trabalho, foram utilizadas técnicas passivas e activas.

- O terceiro capítulo incorpora a análise da concentração de rádon e tórax no interior de 40 habitações diferentes, 10 de cada um dos distritos de Jodhpur, Nagaur, Bikaner e Jhunjhunu, no norte do Rajastão, Índia, utilizando detectores LR-115 tipo II (3cm x 3cm) baseados num dosímetro de pinhole (técnica passiva) e um detetor eletrónico de rádon ativo RAD7. Para a medição da variação sazonal da concentração de rádon, o ano inteiro foi dividido em quatro estações e a duração de cada estação é de três meses: inverno (dezembro a fevereiro), primavera (março a maio), verão (junho a agosto) e outono (setembro a novembro). A dose devida à exposição ao rádon e ao tóron ambientais também foi calculada.

- O capítulo 4 trata da avaliação da concentração de urânio e de metais pesados nas águas subterrâneas, utilizando a técnica ICP-MS. Foi também calculada a dose efectiva anual e o risco para a saúde (risco radiológico e químico) dos habitantes devido à ingestão de urânio através da ingestão de água. Foram também analisadas várias propriedades físico-químicas (TDS, CE e pH). Foi encontrada uma correlação entre a concentração de urânio, os metais pesados e os parâmetros físico-químicos das amostras de águas subterrâneas.

ÍNDICE DE CONTEÚDOS

CAPÍTULO 1

INTRODUÇÃO

1.1 INTRODUÇÃO

1.1.1 Antecedentes de radiação

O físico alemão Wilhelm Roentgen abriu uma nova janela no domínio da investigação das radiações. Enquanto realizava as suas experiências em 8 de novembro de 1895, Roentgen observou radiações misteriosas que saíam do tubo de descarga e faziam brilhar o ecrã fluorescente. As suas experiências posteriores mostraram que a natureza destas radiações era diferente da natureza já conhecida das ondas. Devido à natureza misteriosa destas radiações, Roentgen chamou-lhes raios X, que significa simplesmente radiações desconhecidas. O próprio Roentgen não sabia que tinha descoberto algo de muito útil para a humanidade. A sua notável descoberta valeu-lhe um Prémio Nobel em 1901.

Em 1896, Henri Becquerel decidiu utilizar as radiações descobertas por Roentgen para investigar as propriedades de fluorescência e fosforescência dos materiais. Realizou uma série de experiências sem sucesso com várias substâncias fluorescentes e fosforescentes, até que finalmente conseguiu utilizar o sal de urânio. Até então, partia-se do princípio de que a luz solar era a fonte inicial de energia, pelo que todas as experiências realizadas por Becquerel incluíam a luz solar. As observações de que a substância fosforescente na presença da luz solar faz silhueta no negativo do filme, indicavam que a radioatividade é iniciada pela luz solar. Mas numa experiência inadvertida realizada em 1 de março de 1896, devido ao tempo nublado em Paris, a luz solar não estava presente; observou imagens claras e intensas na película devido ao sal de urânio. Este facto levou-o a concluir que não era necessária a presença de uma fonte de energia inicial para a emissão das radiações do urânio. Becquerel descobriu também, através de experiências sob campo magnético, que havia normalmente três tipos de radiações que saíam das substâncias semelhantes ao urânio: positivas, negativas e eletricamente neutras. Pela sua descoberta, Becquerel partilhou o Prémio Nobel da Física em 1903 com Marie Curie.

A descoberta da radioatividade no urânio foi apenas o início de uma nova era no campo da ciência. Nesta sequência, Marie Curie voltou a realizar as experiências de Becquerel com um melhor eletroscópio e estudou as propriedades do urânio e do tório. Marie Curie realizou uma série de experiências com o seu marido Pierre Curie. Descobriram que os elementos desaparecem espontaneamente até metade da sua vida após um certo tempo. Chamaram-lhe meia-vida da substância. Observaram que uma amostra triturada de minério de Pitchblende apresentava muito mais radioatividade do que o urânio e o tório. Chamaram a este elemento "polónio". Além disso, notaram a natureza radioactiva do grupo do bário. Neste grupo, após separação química, um dos elementos foi considerado milhões de vezes mais radioativo do que o urânio. Deram-lhe o nome de "rádio". Em 1911, Marie Curie foi galardoada com o Prémio Nobel da Química pela descoberta do rádio.

Físico neozelandês, Ernest Rutherford desempenhou um papel fundamental na exploração da radiação e da radioatividade dos materiais. Em 1899, concluiu, a partir das suas experiências, que os raios de Becquerel continham dois componentes diferentes. Chamou-lhes raios alfa e beta, a partir das duas primeiras letras do alfabeto grego. Passados alguns anos, em 1902, Rutherford provou que alfa é uma partícula e beta é simplesmente um eletrão. Ao reexecutar as experiências realizadas por um cientista francês, Paul Villard, em 1900, nas quais distinguia as radiações emitidas pelo rádio com base no seu poder de penetração, Rutherford descobriu, em 1903, a terceira radiação de Becquerel, conhecida como raios gama. Posteriormente, em 1907, Rutherford e Soddy observaram uma série de transformações de radionuclídeos naturais, em que cada elemento radioativo se transforma num novo elemento radioativo e o processo continua até se converter no elemento radioativo estável chumbo. Foram também observados alguns gases radioactivos na cadeia de decaimento radioativo, que foram posteriormente identificados como isótopos do gás rádon.

1.2 TIPOS DE RADIAÇÕES

A radiação é a emissão de energia por um corpo sob a forma de ondas ou partículas, que se desloca através do espaço ou do meio material. As radiações são de três tipos:

1.2.1 Radiações ionizantes

A radiação ionizante possui a energia suficiente para que, durante a interação com um átomo ou molécula, possa retirar os electrões da camada exterior do átomo e criar iões positivos. Do ponto de vista da saúde, quando o corpo humano é exposto a radiações ionizantes, o ADN das células vivas pode ser danificado e aumenta o risco de cancro do pulmão. Estas radiações ionizantes podem ser distinguidas das radiações electromagnéticas devido aos seus danos biológicos.

As radiações ionizantes são classificadas com base na natureza das partículas e no grau de interação com a matéria. Estão divididas em duas categorias denominadas radiações direta e indiretamente ionizantes.

1.2.1.1   Radiações diretamente ionizantes

As radiações diretamente ionizantes são aquelas que interagem fortemente com o átomo através da força columínica e retiram o eletrão do átomo, criando iões. As radiações diretamente ionizantes incluem as radiações alfa, beta e gama.

- **Radiações alfa**: As partículas alfa são constituídas por dois protões e dois neutrões, o que é semelhante ao núcleo de hélio. Devido ao seu baixo poder de penetração, as partículas alfa só conseguem penetrar em poucos centímetros de ar ou mesmo na camada exterior da pele do corpo, pelo que só danificam externamente os tecidos ou o ADN. Do ponto de vista da saúde, quando os radionuclídeos emitidos por partículas alfa, como o urânio, o rádon, o tóron e os seus descendentes, entram no nosso corpo por ingestão ou inalação e emitem uma grande quantidade de energia durante o seu decaimento, causando danos biológicos como danos no ADN, danos nos rins, cancro do pulmão e cancro do estômago (AECB, 1982).

- **Radiações beta:** Existem diferentes modos de decaimento beta que ocorrem em vários nuclídeos radioactivos. O decaimento beta inclui a emissão de electrões, a emissão de positrões ou a captura de electrões. Na emissão de electrões, os neutrões são convertidos em protões num núcleo através da emissão de electrões e de partículas de antineutrinos. Na emissão de positrões, os protões são convertidos em neutrões através da emissão de partículas de positrões e neutrinos. O processo de captura de electrões ocorre normalmente em núcleos pesados, nos quais as órbitas electrónicas estão muito compactadas. O poder de penetração das partículas beta é intermédio entre as radiações alfa e gama. Quando as partículas beta de alta energia sofrem a interação radioactiva com os núcleos atómicos, os electrões desviam-se da sua trajetória devido à forte interação columínica entre os electrões do átomo e os electrões incidentes, que estão muito próximos do núcleo de um átomo a uma velocidade muito elevada, aproximadamente igual à velocidade da luz. Como resultado, a velocidade dos electrões diminui e, devido a este retardamento dos electrões, as radiações EM emitidas são raios X e o espetro contínuo é conhecido como Bremstrahlung.

- **Radiações gama:** Os núcleos radioactivos permanecem no estado excitado após a emissão de partículas alfa ou beta. Estes elementos emitem imediatamente radiações gama e passam ao estado fundamental. As radiações gama são radiações E.M. que são fotões e têm um comprimento de onda inferior a $3*10^{-11}$ m. Não têm massa. Os raios gama interagem com a matéria através de fenómenos como o efeito fotoelétrico, o efeito Compton e a produção de pares. Devido ao seu elevado poder de penetração, penetram facilmente no nosso corpo e danificam as células corporais, podendo causar cancro, diarreia, dores de cabeça, queimaduras na pele, queda de cabelo ou mesmo a morte imediata ou no espaço de um mês.

1.2.1.2   Radiações ionizantes indirectas

Estas radiações são eletricamente neutras e não interagem fortemente com a matéria, mas produzem uma ionização secundária que proporciona os efeitos ionizantes. Inclui a radiação de neutrões.

- **Radiações de neutrões:** Os neutrões são apenas partículas que produzem ionização indireta quando interagem com a matéria devido à sua carga eléctrica nula. São produzidos vários tipos de radiações quando os neutrões interagem com a matéria, o que produz uma maior ionização. O poder de penetração dos neutrões é muito superior ao de todos os outros tipos de partículas. Apenas o concerto e a água são utilizados para parar os neutrões.

1.2.2 Radiações cósmicas

Trata-se de radiações de alta energia que se formam fora do sistema solar (Sharma, 2008). Já foram realizadas muitas experiências para saber qual é a fonte exacta das radiações cósmicas (Baade et al., 1934; Babcock, 1948; Sekido et al., 1951; Gibb, 2010). Mas, em 2009, Pierre Auger revelou a fonte exacta das radiações cósmicas através da sua publicação apresentada na Conferência Internacional sobre Raios Cósmicos (ICRC, 2009) (Baughman, 2009). Os raios cósmicos são constituídos por 98% de núcleos totais (88% de protões, 11% de partículas alfa) e 2% de electrões (UNSCEAR, 2000). Os nucleões são retirados do átomo quando os raios cósmicos de alta energia interagem com o núcleo de um átomo e produzem radionuclídeos cósmicos. ^{3}H, ^{7}Be, ^{14}C, ^{129}I são alguns isótopos formados a partir da interação de radiações cósmicas. Devido à exposição direta às radiações cósmicas, estas podem danificar o ADN, o que provoca o cancro, e têm um efeito indireto devido à criação de espécies reactivas de oxigénio. Os grandes efeitos resultantes de doses elevadas de radiação ocorrem sobretudo após eventos de partículas solares (Seed, 2011). Os efeitos crónicos da exposição à radiação espacial incluem efeitos estocásticos, como a carcinogénese por radiação, e não estocásticos, como os efeitos degenerativos nos tecidos (Cucinotta et al., 2006).

1.23 Radiações não ionizantes

As radiações não ionizantes não transportam energia cinética suficiente para ionizar os átomos ou as moléculas ao atravessar a matéria. Não há efeitos graves para a saúde produzidos por este tipo de radiações, mas alguns dos efeitos biológicos são apresentados por Kwan-Hoong Ng (2003). Os raios UV, a luz visível, os raios infravermelhos, as micro-ondas, as ondas de rádio e as radiações térmicas são alguns exemplos de radiações não ionizantes. As radiações não ionizantes são utilizadas principalmente para fins de comunicação.

13 FONTES DE RADIAÇÃO E EXPOSIÇÃO

Os radionuclídeos naturais encontram-se normalmente nas rochas, no solo, na água, nas plantas e no ar. Todos os organismos vivos estão continuamente expostos a radiações ionizantes que são emitidas por radionuclídeos naturais.

De acordo com o relatório do NCRP (1987), o público dos EUA está exposto a cerca de 88% das radiações provenientes de fontes naturais e os restantes 18% provenientes de fontes artificiais, como mostra a figura 1.1(a). A exposição de fontes naturais inclui o rádon (55%), os raios cósmicos (8%), a radiação terrestre (8%) e as fontes internas (11%). A exposição a fontes artificiais inclui os raios X médicos (11%), a medicina nuclear (4%), os produtos de consumo (3%) e outras fontes (<1%). Mas os resultados são surpreendentes de acordo com o último relatório apresentado pelo NCRP (2009). De acordo com o último relatório do NCRP (2009),

50% da exposição à radiação do público dos EUA provém das radiações naturais de fundo e os restantes 50% provêm de fontes de origem humana, como mostra a figura 1.1(b). Assim, é evidente que, entre 1987 e 2009, a exposição aumentou continuamente devido a fontes de origem humana. Há muitas técnicas desenvolvidas pelo homem, especialmente no domínio da medicina, que provocam uma exposição excessiva dos seres humanos. A exposição às radiações devidas a fontes naturais e artificiais é apresentada a seguir

1.3.1 Fontes naturais de radiação e exposição

A exposição provém de fontes naturais de radiação, como a exposição ao rádon e ao tóron, a exposição às radiações cósmicas, a exposição à radiação terrestre e a exposição interna natural.

1.3.1.1   Exposição ao rádon e ao thoron

Os isótopos de rádon e de tóron são um dos subprodutos do processo de decaimento do U-238 e do Th-232, que estão normalmente presentes no solo e na água. Ambos são observados em estado gasoso e contribuem para a exposição interna e externa. Através do solo e da água, o rádon e o tóron podem entrar facilmente nas nossas casas, o que aumenta os seus níveis no ar interior. O estudo pormenorizado destes gases será abordado no capítulo 3.

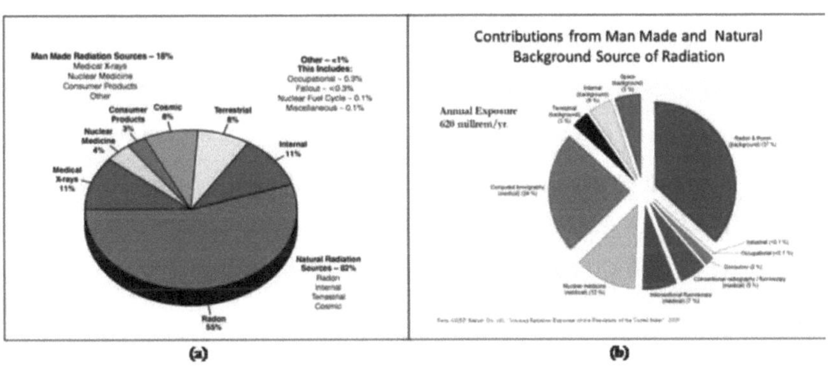

FIGURA. 1.1: Exposição do
público às radiações naturais e artificiais

13.1.2 Exposição a radiações cósmicas

As radiações cósmicas têm origem fora do sistema solar e são constituídas principalmente por protões, partículas alfa e também por uma pequena concentração de electrões. São radiações de energia muito elevada. O estudo pormenorizado sobre as radiações cósmicas é apresentado na secção anterior.

1.3.1.3 Exposição à radiação terrestre

As radiações terrestres são as radiações emitidas por radionuclídeos naturais (^{238}U,^{232}Th,^{40}K e seus progenitores). A exposição associada às radiações emitidas por estes radionuclídeos inclui normalmente radiações gama que podem causar leucemia e alguns outros tipos de cancro.

1.3.1.4 Exposição interna natural

Os radionuclídeos entram no nosso corpo por inalação e ingestão. Os efeitos agudos e crónicos para a saúde são induzidos por estes radionuclídeos que se depositam no nosso corpo ou pela radiação emitida por estes radionuclídeos. As radiações emitidas a partir de fontes naturais não produzem efeitos agudos porque não produzem efeitos rapidamente visíveis, o que significa taxas de dose elevadas num curto período de tempo. As radiações internas naturais produzem geralmente efeitos crónicos (dose de baixo nível e exposição a longo prazo) que aumentam o risco de desenvolver cancro do pulmão. O estudo pormenorizado da inalação e da ingestão será abordado em capítulos posteriores.

1.3.2 Fontes e exposição de origem humana

Trata-se de fontes radioactivas artificiais de radiações fabricadas pelo homem. Inclui a tomografia computorizada, a medicina nuclear, a fluoroscopia de intervenção, a radiografia e a fluoroscopia convencionais e os produtos de consumo.

1.3.2.1 Tomografia computorizada, convencional
Exposição a Radiografia e Fluoroscopia

Todos estes termos são explicados na vasta categoria de raios X. Estes termos médicos são amplamente explicados como raios X que são utilizados pelos médicos para obter a imagem da estrutura interna do corpo humano. A tomografia computorizada é a ação combinada dos raios X com o computador, que fornece uma imagem transversal de 360° do corpo. Esta técnica é muito utilizada para detetar vários tipos de cancro. A fluoroscopia é uma técnica de imagiologia que capta imagens em movimento em tempo real, como as acções de bombeamento do coração, utilizando raios X. Se o doente absorver uma dose de raios X superior à dose necessária, provoca danos nas células. A exposição a uma grande dose de raios X através de uma TAC pode aumentar o risco de desenvolvimento de cancro (Hall et al., 2008; Brenner, 2010; De Santis et al., 2007). A OMS e o governo dos EUA declararam que os raios X são cancerígenos (Roobottom et al., 2010). No ano de 2007, a taxa de cancro nos EUA aumentou até 1,5 a 2% devido à utilização da tomografia computadorizada (Brenneret et al., 2007).

1.3.2.2 Exposição à fluoroscopia de intervenção

A utilização de radiações ionizantes para guiar os médicos, como um tubo flexível inserido com uma abertura estreita na cavidade do corpo através dos vasos sanguíneos para remover o fluido. Apresenta grandes vantagens em relação à cirurgia, uma vez que necessita apenas de um pequeno corte cirúrgico que se recupera num curto espaço de tempo. O efeito a curto prazo da exposição à fluoroscopia de intervenção inclui danos na pele e o efeito a longo prazo inclui o risco de cancro. O risco de doença de pele e de cancro pode também ser encontrado em médicos e assistentes devido à exposição à radiação (Faulkner et al., 2001; Yoshinaga et al., 2004).

1.3.23 Exposição à medicina nuclear

A medicina nuclear utiliza pequenas quantidades de substâncias radioactivas para analisar e tratar muitas doenças como o cancro, perturbações neurológicas, etc. Nesta terapia com radionuclídeos, a dose de radiação é administrada oralmente ao doente e não a partir de uma fonte de radiação externa. Em alguns departamentos de medicina nuclear, podem também ser utilizadas cápsulas implantadas de isótopos radioactivos para o tratamento do cancro. Os dois principais tipos de medicina nuclear são a terapêutica e o diagnóstico.

1.3.2.4 Produtos de consumo

Há muitos produtos de consumo que contêm uma quantidade muito pequena de radiações. Por exemplo, os detectores de fumo do tipo ionizante, os aparelhos de televisão, os aparelhos de televisão a cores, etc. Os detectores de fumo contêm[241] Am que produz uma dose muito pequena de radiação. Nos televisores, os electrões acelerados e bombardeados com o ecrã criam níveis baixos de raios X. O L.P.G., que é utilizado na cozinha e no aquecedor de água, contém uma pequena quantidade de rádon.

As outras fontes são inferiores a 0,1%, o que contribui para a exposição de fontes de origem humana.

1.4   ACTIVIDADE DE RADIAÇÃO, VEIAS DE EXPOSIÇÃO e seus EFEITOS

1.4.1 Atividade de radiação

A radioatividade é definida como a desintegração espontânea do núcleo de um átomo através da emissão de radiações alfa, beta e gama, neutrões e X. Por outras palavras, os núcleos atómicos de um elemento desintegram-se noutros até chegarem ao chumbo, que é o elemento químico estável na série de decaimento radioativo. A unidade mais antiga de radioatividade é o Curie. Em 1975, durante a reunião da Conferência Geral de Pesos e Medidas (CGPM), o Becquerel foi adotado como unidade de radioatividade, definida como a taxa de desintegração de um núcleo de um átomo por segundo. Um Curie de material radioativo é aproximadamente igual à quantidade de radioatividade libertada por um grama de^{226} Ra ($3{,}7*1010$ átomos desintegrados por segundo). Existe também uma grande relação entre curie e Becquerel: um curie é igual a $3{,}7*$ 1010 Becquerel.

1.4.2 Vias de exposição às radiações

As vias de exposição às radiações são as diferentes vias pelas quais uma pessoa pode ser exposta a uma substância perigosa. Existem dois tipos principais de vias de exposição, nomeadamente a exposição interna, que inclui a exposição por inalação e ingestão, e a exposição externa, também designada por exposição direta. Existe uma probabilidade de 5,5% de desenvolver cancro devido à dose efectiva de um Sievert (ICRP, 2007) e esta dose deve-se tanto à dose de radiação interna como externa.

1.4.2.1   Exposição por inalação

A exposição por inalação ocorre quando os nuclídeos radioactivos são inalados e absorvidos pelo nosso corpo. Os radionuclídeos e os seus progenitores podem facilmente aderir a partículas de poeira no ar e entrar nos pulmões por inalação do ar. Estas partículas de poeira contaminadas são emissoras alfa e acumulam-se principalmente na região traqueo-brônquica e pulmonar dos pulmões. Quando estes radionuclídeos ou os seus descendentes emitem partículas alfa, é transferida uma grande quantidade de energia para os tecidos que danificam o ADN e aumentam a probabilidade de desenvolvimento de cancro do pulmão. Este tipo de exposição mantém-se enquanto os radionuclídeos permanecerem nos pulmões. Este tipo de exposição é conhecido como exposição a longo prazo porque a exposição crónica se desenvolve a partir da acumulação de pequenas quantidades de radionuclídeos presentes no corpo humano durante um longo período de tempo. As principais fontes de inalação são as partículas de poeiras radioactivas contaminadas e alguns radionuclídeos gasosos, como o rádon. De acordo com o relatório do UNSCEAR (2000), a dose anual média mundial de radiação devida à inalação de rádon é de 1,2 mSv.

1.4.2.2 Exposição por ingestão

A exposição por ingestão ocorre quando os nuclídeos radioactivos são ingeridos pelo nosso organismo. Todos estes nuclídeos radioactivos são emissores alfa e libertam grandes quantidades de energia para os tecidos, o que provoca cancro do estômago e lesões renais. As principais fontes de exposição por ingestão através das quais os radionuclídeos entram no nosso organismo são as seguintes

1)   Beber água subterrânea contaminada por rádio.

2)   Plantas alimentícias cultivadas no solo contaminado radioactivamente.

3)   Irrigação de culturas com água contaminada.

4)   Devido à grande ingestão de medicamentos nucleares.

De acordo com o relatório do UNSCEAR (2000), a dose média anual de radiação a nível mundial devida à ingestão de alimentos e água potável é de 0,3 mSv.

1.4.2.3 Exposição externa (exposição direta)

Quando as radiações emitidas por uma fonte externa penetram no nosso corpo, dá-se a exposição externa. Devido ao poder de penetração muito baixo das partículas alfa, estas raramente penetram na pele morta exterior do corpo. Assim, as partículas alfa não são objeto de exposição externa. O poder de penetração das partículas beta é muito menor do que o dos raios gama. Assim, as partículas beta não penetram para além da pele. Algumas das partículas beta, que têm uma energia elevada, podem causar lesões na pele ou nos olhos. Os raios X, os raios gama, os neutrões e as radiações cósmicas são as principais preocupações em termos de exposição externa, porque o seu poder de penetração é muito elevado. Os raios gama emitidos pelos radionuclídeos terrestres penetram no nosso corpo e podem aumentar a probabilidade de desenvolver cancro. Geralmente, os raios X são expostos à região abdominal, o que pode aumentar o risco de desenvolver danos genéticos que podem ser hereditários. A pressão arterial elevada e as doenças térmicas também estão relacionadas com a exposição aos raios X.

1.4.3 Efeitos das radiações na saúde

Quando o corpo humano é exposto às radiações ionizantes, podem ocorrer diferentes tipos de efeitos na saúde. Estes tipos de efeitos na saúde são classificados em duas categorias.

1.4.3.1   Efeito estocástico na saúde

O efeito estocástico na saúde ocorre quando pequenas doses são recebidas durante muito tempo. Por isso, é também designado por efeito de exposição de baixo nível a longo prazo. Para o efeito estocástico na saúde não existe um valor crítico inferior. Por conseguinte, este efeito pode ocorrer mesmo que uma pessoa não tenha sido exposta à radiação acima do nível de fundo. A probabilidade de ocorrência do efeito estocástico para a saúde depende da dose absorvida. Os danos causados por este efeito dependem do tipo de tecidos, ou seja, se o tecido é mais sensível ou menos sensível, e são independentes da dose absorvida. De acordo com os relatórios, estima-se que a probabilidade de risco de cancro nos EUA é de 20% para os trabalhadores que não trabalham com radiações e de 21% para os que estão regularmente expostos a radiações. Não foram encontrados muitos efeitos genéticos nos sobreviventes da bomba atómica japonesa que foram expostos a uma quantidade de radiação superior à sua exposição normal. Assim, não é necessário que os efeitos genéticos aumentem quando as pessoas estão diretamente expostas às radiações. Os efeitos cacogénicos para a saúde, como o cancro, a leucemia, etc., pertencem à categoria dos efeitos estocásticos para a saúde.

1.4.3.2   Efeito não estocástico na saúde

O efeito não estocástico na saúde ocorre quando são recebidas doses elevadas durante um período de tempo reduzido. É também designado por efeito agudo ou determinístico. Para o efeito não estocástico na saúde existem valores críticos inferiores, abaixo dos quais este efeito não ocorre. A magnitude do efeito não estocástico na saúde é diretamente proporcional à quantidade de dose absorvida. O ICRP (1990) estabeleceu o limiar de dose de 150 mSv (uma única absorção) para o cristalino dos olhos. Abaixo do valor limiar, o cristalino dos olhos é seguro, mas quando o nível de dose aumenta para além do valor limiar de 150 mSv, ocorre a contração do cristalino. O efeito de queimadura da pele pode ocorrer quando o radiologista entra em contacto com um emissor de radiação de alta intensidade. Os efeitos não estocásticos para a saúde não são cancerígenos e manifestam-se muito rapidamente, no espaço de uma hora ou dias. A perda de cabelo, as queimaduras cutâneas, os danos no sistema nervoso central e as doenças da medula óssea são classificados como efeitos não estocásticos para a saúde.

1.4.4 Medição dos efeitos das radiações

A energia absorvida pela exposição à radiação ionizante que penetra no corpo humano ou que provém da inalação ou ingestão de radionuclídeos é designada por dose de radiação. Os efeitos das radiações podem ser medidos em termos de dose recebida pelo corpo humano. Estas doses de radiação são classificadas em três categorias.

1.4.4.1 Dose absorvida

Define-se como a energia que é absorvida pelo corpo devido à exposição a radiações ionizantes. Por outras palavras, a energia é absorvida pelo tecido humano que se encontra em qualquer parte do corpo. O efeito da dose absorvida não depende do tipo de radiação, quer se trate de radiação alfa, beta, gama, etc. Por exemplo, durante a tomografia computorizada do abdómen superior, a dose absorvida pelo tórax é baixa, porque este absorve uma pequena quantidade de radiação devido à menor exposição da radiação ao tórax. A exposição da radiação ao fígado e ao estômago é direta, pelo que estes absorvem uma grande quantidade de radiação. Por isso, a sua dose absorvida é elevada. As unidades de dose absorvida são o gray, que é definido como a absorção de um joule por kg de uma substância.

1.4.4.2 Dose equivalente

A dose absorvida não prevê o efeito exato na saúde porque é independente do tipo de radiações. Mas a dose equivalente depende do efeito da dose absorvida e do tipo de radiações. Diferentes tipos de radiações têm diferentes taxas de perda de energia por unidade de comprimento. Por conseguinte, é evidente que uma dose absorvida igual não terá o mesmo efeito biológico. Por exemplo, o efeito de um grão de partícula alfa é superior ao de um grão de partícula beta. A dose equivalente é obtida quando a dose absorvida é multiplicada por um determinado fator de ponderação da radiação. As unidades antigas de dose equivalente são rem. As unidades S.I. de dose equivalente são sievert. Isto significa que um sievert de radiações beta tem o mesmo efeito biológico que um sievert de partículas alfa. O fator de ponderação das radiações é o fator utilizado para medir a eficácia por dose unitária de um determinado tipo de radiações. Trata-se de um fator adimensional que é utilizado para converter a dose de cinzento em sievert. Para as radiações beta e gama, o fator de ponderação da radiação é um (ICRP, 2007). Assim, a dose equivalente é a mesma que a dose absorvida. Mas o fator de ponderação da radiação para a partícula alfa é 20 (ICRP, 2007). Em conclusão, as radiações alfa causam mais danos ao corpo humano do que as radiações beta e gama.

1.4.4.3 Dose efectiva

A dose efectiva foi dada por Wolf Jaccobi em 1975 e publicada pelo ICRP em 1977 com o nome de "equivalente de dose efectiva". É basicamente utilizada para calcular os efeitos biológicos das radiações ionizantes nos diferentes órgãos do corpo. Depende de três factores:

1)   Dose absorvida que é absorvida pelos diferentes órgãos do corpo.

2)   Efeitos nocivos dos diferentes tipos de radiações

3)   O mais importante é a sensibilidade de cada órgão às radiações.

Os diferentes tecidos têm uma sensibilidade diferente às radiações (ICRP, 2007). Por exemplo, os pulmões (0,12) são mais sensíveis do que a pele óssea (0,01). Por conseguinte, a dose efectiva é obtida através da multiplicação dos factores de ponderação dos tecidos pela dose equivalente. Por outras palavras, é definida como a soma da ponderação tecidular da dose equivalente em todos os tecidos ou órgãos específicos do corpo, que representa os efeitos na saúde de todo o corpo (ICRP, 2007). As unidades da dose efectiva são as mesmas que as da dose equivalente.

1.5 AGÊNCIAS DE PROTECÇÃO CONTRA RADIAÇÕES NA ÍNDIA

Foram criadas na Índia diferentes agências de proteção contra as radiações com a missão de proteger o corpo humano e o ambiente da exposição às radiações e de criar sistemas de energia nuclear com recurso à energia atómica. Desenvolvimento de um monitor radioativo, monitorização ambiental e avaliação do impacto radiológico em diferentes locais e monitorização da

os níveis de fundo das radiações gama em diferentes locais são as principais características do (Bhabha Atomic Research Center) BARC e do Departamento de Energia Atómica (DAE). O BARC e o DAE dão aos professores vários projectos de investigação para a avaliação da variação sazonal do rádon e do tórax em recintos fechados e dos seus progenitores, da concentração de urânio na água potável, da concentração de rádon na água e no solo, da taxa de exalação de rádon do solo, da medição de radionuclídeos terrestres (^{226} Ra, ^{232} Th e ^{40} K) no solo, etc., em diferentes locais da Índia. A avaliação do risco radiológico devido aos radionuclídeos naturais presentes no meio ambiente é o principal fator para a realização deste tipo de estudos.

1.6 POLÍTICAS E REGRAS INDIANAS DE PROTECÇÃO CONTRA RADIAÇÕES

As diferentes agências de proteção contra as radiações definem políticas diferentes para a proteção da exposição às radiações. De acordo com as políticas de proteção do Conselho Regulador da Energia Atómica (AERB, 2004), o objetivo é garantir que a utilização de fontes de radiação ionizante e de energia nuclear na Índia não representa um risco inadequado para a saúde das pessoas e para o ambiente. O principal objetivo da AERB é que o efeito da exposição às radiações provenientes de instalações nucleares e de radiação permaneça inferior ao limite permitido e que a utilização destas instalações seja autorizada para benefício da sociedade. Todos os centros nodais devem organizar periodicamente programas adequados de proteção contra as radiações para proteger o público da exposição às radiações. Os resíduos radioactivos produzidos pelas fábricas nucleares e geradoras de radiações devem ser mantidos de acordo com o ponto de vista da saúde humana. De acordo com as políticas do INMAS, as pessoas que trabalham com dispositivos radioactivos e radionuclídeos devem ter conhecimento das suas responsabilidades na execução de medidas de segurança.

Em 2004, o DAE estabeleceu regras diferentes para a proteção da exposição às radiações. De acordo com as regras do DAE, nenhum laboratório de radiações será instalado sem a obtenção de uma licença. Os materiais radioactivos e os equipamentos geradores de radiação devem ser manuseados de acordo com os termos e condições da licença. Os aparelhos que produzem radiações não superiores ao limite recomendado pelo Governo central da Índia estão isentos de licença. Não será concedida qualquer licença a um instituto ou laboratório para o manuseamento de material radioativo até que o instituto ou laboratório em causa cumpra todas as instruções dadas pela DAE. A utilização de substâncias radioactivas é estritamente proibida em produtos alimentares, brinquedos, cosméticos, etc. Os sinais de radiação ou símbolos de aviso devem ser utilizados à entrada do laboratório, na caixa das fontes de radiação e dos equipamentos.

1.7 CLASSIFICAÇÃO DOS RADIONUCLÍDEOS

O nosso mundo é radioativo desde a sua criação. O grande número de radionuclídeos encontrados na Terra pode ser classificado em três categorias.

1) Radionuclídeos primordiais: Obtidos antes da criação da Terra ou cuja meia-vida é maior ou aproximadamente igual à idade da Terra. Por exemplo, ^{238}U.

2) Radionuclídeos cosmogénicos: Obtidos a partir da interação de radiações cósmicas. Por exemplo, ^{14}C.

3) O homem produz radionuclídeos: Formados devido a actividades humanas. Por exemplo, ^{137}Cs.

1.7.1 Urânio

O urânio é um elemento metálico branco prateado, altamente denso, dúctil, fortemente eletropositivo, paramagnético e fracamente radioativo com o n.º atómico 92. Existem 33 isótopos de urânio encontrados até à data. Destes 33 isótopos, apenas 3 ocorrem naturalmente e são identificados por^{238}U (99,27% de abundância em massa),^{235}U

(0,72%) e^{234} U (0,0054%). O urânio decompõe-se em muitos radionuclídeos até chegar finalmente aos isótopos estáveis de chumbo, que não é um radionuclídeo. A cadeia de decaimento do U- 238 é apresentada na figura 1.2. A radioatividade associada ao U-238, tanto por emissões alfa como beta, é de 48,9% (Cothern et al., 1983; Lide, 199293). O urânio existe nos estados de oxidação +2, +3, +4, +5 e +6, mas os estados hexavalente (U(IV)) e tetravalente (U(VI)) são os mais dominantes. O estado hexavalente do urânio é solúvel em água e é representado pelo ião urânio $(UO_2)^{2+}$ mas o estado tetravalente é insolúvel em água e imóvel.

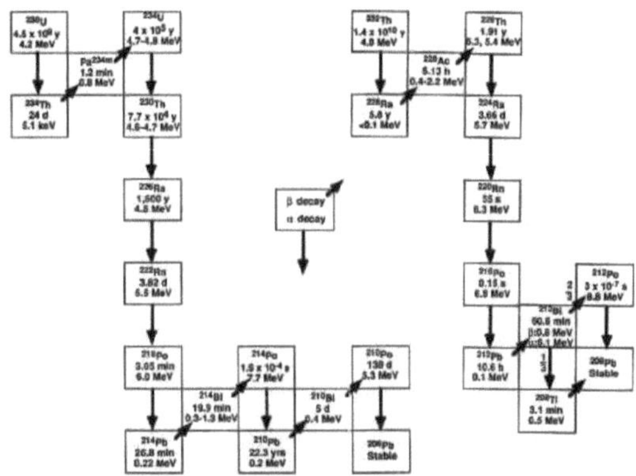

FIGURA 1.2: Séries de decaimento do urânio-238 e do tório-232

1.7.1.1   Abundância de urânio

O urânio é um elemento que ocorre naturalmente e pode ser encontrado em níveis baixos em todas as rochas, no solo, na água e em todos os seres humanos. O urânio é o elemento natural 51th , que é o elemento com o número mais elevado (Hammond, 2000). De acordo com a abundância, o urânio é mais abundante do que o antimónio, o estanho, o cádmio, o mercúrio e a prata. De acordo com o Departamento de Energia dos EUA, o urânio é 40 vezes mais abundante do que a prata. O urânio encontra-se normalmente em minerais como a lenhite, a monazite, o granito e o fosfato. A concentração destes minerais varia de uma região para outra devido à diferente estrutura geológica da região. O urânio está presente na hidrosfera, na biosfera, na atmosfera e na litosfera com concentrações variáveis devido à grande variação nos níveis dos diferentes minerais em que o urânio é encontrado (Sahoo et al., 2010).

1.7.1.2 Perigo do urânio para a saúde

Os efeitos na saúde devidos à exposição ao urânio foram revistos por (OMS, 1988a e b; ATSDR, 1999; Fulco et al., 2000; Durakovic, 1999). Os efeitos para a saúde decorrentes da exposição ao urânio podem ser divididos em duas categorias.

Toxicidade química

A toxicidade química do urânio natural, empobrecido e enriquecido é idêntica devido à mesma ação química de todos os isótopos de urânio (ATSDR, 1999). Os danos nos rins são a principal preocupação devido à elevada toxicidade química do urânio. O urânio e os seus compostos entram no nosso corpo através da inalação de partículas de poeiras contaminadas ou diretamente através da ingestão de água e de alimentos que contêm urânio, entrando depois na corrente sanguínea. Estes compostos de urânio são filtrados pelos rins. Durante o processo de filtração, as células renais podem ser danificadas devido à toxicidade do urânio. A ingestão aguda de urânio pode causar insuficiência renal e até a morte. Devido à pequena ingestão de urânio, o efeito pode ser identificado pela presença de proteínas e células mortas na urina.

Toxicidade radiológica

Quando o composto de urânio é ingerido ou inalado, ocorrem riscos de radiação devido à exposição ao urânio. O urânio emite principalmente partículas alfa, cujo poder de penetração é muito reduzido. As partículas alfa emitem uma grande quantidade de energia para os tecidos circundantes durante o decaimento do urânio e podem causar cancro. A probabilidade de desenvolver cancro é maior nas pessoas muito expostas a compostos de urânio. Este tipo de cancro não se distingue dos cancros que ocorrem naturalmente.

1.7.2 Radão e tóron

O rádon-222 e o tóron-220 são gases radioactivos incolores, inodoros, insípidos e nobres com o n.º atómico 86. 86, que ocorre naturalmente como um produto de decaimento indireto do urânio e do tório, respetivamente. O rádon é um gás inerte a uma temperatura superior a -61,8⁰ c e é naturalmente um produto de decaimento do[226] Ra. O rádon decai com uma meia-vida de 3,825 dias (emite uma partícula de energia de 5,48 Mev) numa série de sólidos que são referidos como filhas do rádon ou progénie até se converter no elemento radioativo estável chumbo. O outro isótopo do rádon é o tóron ([220] Rn) que emite partículas de energia

6,28 Mev e o actinão ([21] 9 Rn) emite partículas com uma energia de 6,82 MeV. Devido à semi-vida muito curta do tóron (56 segundos) e do actinon (3,9 segundos), as suas concentrações são extremamente baixas e contribuem pouco para a exposição humana.

1.7.2.1   Fontes de rádon em recintos fechados

O Ra-226 é a principal fonte de rádon em recintos fechados, que está presente no solo e nos materiais de construção (Nero, 1988). O ar exterior, a água e o gás doméstico são também fontes de concentração de rádon em recintos fechados. O rádon proveniente das rochas subjacentes e do solo é o principal fator de aumento dos níveis de rádon em recintos fechados (Castren et al., 1985).

Solo

O rádon pode entrar nas casas a partir do solo através de fissuras em pavimentos sólidos, juntas de construção, fissuras e cavidades nas paredes, fissuras nas paredes abaixo do nível do solo, aberturas em pavimentos suspensos e aberturas à volta dos tubos de serviço. O local onde a concentração de rádon é elevada no solo pode dever-se à presença de granitos e rochas vulcânicas e à elevada concentração de Ra-226. O solo que está contaminado com resíduos de minas de urânio ou de fosfato pode também aumentar a concentração de rádon (Tyson et al., 1993). Há vários factores, como a diferença de pressão do ar entre o solo e o ar interior, a estanquicidade da superfície que entra em contacto com o solo e a taxa de exalação de rádon do solo subjacente, que afectam o fluxo de rádon para o interior da habitação. Em condições de ventilação deficiente, o rádon sai do solo sob o edifício se não houver uma camada estanque entre a superfície do edifício e o solo. A estanquidade depende das fissuras, aberturas e juntas do edifício.

Materiais de construção

Os materiais de construção são a segunda principal fonte de rádon em recintos fechados. A exalação de rádon dos materiais de construção não depende apenas da concentração de rádio, mas também de factores como a porosidade do material, a preparação da superfície, o acabamento das paredes e os próprios materiais que libertam a fração de rádon. Os níveis mais elevados de rádon no interior dos edifícios são encontrados nos materiais de construção que contêm subprodutos de gesso e xistos de alúmen, porque nestes minerais se encontram níveis elevados de Ra-226. Se as matérias-primas forem retiradas de locais onde a concentração de radionuclídeos naturais é elevada, a concentração de rádon no tijolo e no concerto pode também ser elevada.

Água

O nível elevado de concentração de rádon na água proveniente de poços subterrâneos profundos em rochas, enquanto a água de lagos e rios tem uma concentração de rádon muito baixa. Uma quantidade parcial de rádon pode ser libertada da água para o ar quando a água subterrânea é utilizada em casa, provocando um aumento da concentração de rádon no ar interior. O rádon mistura-se com o ar interior de muitas formas quando a água é utilizada para lavar roupa, puxar o autoclismo e tomar banho. Assim, a contribuição do Rn-222 libertado da água para o ar desempenha um papel muito importante no cálculo do risco total devido à inalação de Rn-222 no ar. De acordo com o relatório da Academia Nacional de Ciências (NAS), a EPA estimou que o rádon na água potável provoca cerca de 168 mortes por cancro por ano, 11% por cancro do estômago e 89% por cancro do pulmão (USEPA, 1999).

Uma concentração muito baixa de rádon provém do ar exterior e do gás doméstico.

1.7.2.2 Factores que afectam a concentração de rádon e thoron no interior

As concentrações interiores de rádon e tórax e os seus descendentes são largamente influenciados por factores como a topografia, o tipo de construção da casa, os materiais de construção, a temperatura, a pressão, a humidade, a ventilação, a velocidade do vento e até o estilo de vida das pessoas que vivem na casa (Jonassen, 1975; Martz et al., 1991; Nazaroff et al., 1985; Ramola et al., 1987, 1992, 1998, 2000; Segovia et al., 1984; Subba Ramu et al., 1988).

Características estruturais

Tendo em conta as várias características estruturais, os factores que afectam a concentração de rádon no interior são

(a) Taxas de troca de ar

A infiltração, a ventilação natural e a ventilação mecânica são três mecanismos da taxa de troca de ar.

(b) Configuração da subestrutura

A subestrutura do edifício é o principal fator que influencia a entrada de rádon nas habitações. O contacto direto do gás do solo com a casa é geralmente o maior contribuinte para os níveis de rádon no interior. A variabilidade no transporte do gás do solo através de fissuras e outras penetrações na fundação são a principal causa da distribuição da concentração de rádon no interior de uma determinada região. As juntas entre as paredes e o chão e as fissuras nas lajes da cave são as fontes mais comuns de entrada de rádon nas habitações.

(c)   Tipo e conceção do edifício

Para além das características da ventilação e da subestrutura, a conceção do edifício pode afetar a concentração de rádon no interior. As habitações abrigadas em terra proporcionam uma maior área de superfície para a difusão do gás do solo portador de rádon e, frequentemente, uma concentração de rádon superior à média.

Parâmetros meteorológicos

A taxa de emanação de rádon tem sido afetada por condições ambientais variáveis. Jonassen et al., 1977, descobriram que, a longo prazo, as taxas de emanação das paredes de betão dependem da pressão. No entanto, Ingersoll (1981) não encontrou qualquer alteração na taxa de emanação com uma queda de pressão para 20 polegadas de mercúrio durante 2 a 3 dias. Do mesmo modo, o efeito da temperatura também é incerto. Stranden et al. (1984) observaram que, com o aumento da temperatura, a taxa de exalação de rádon também aumenta a partir de amostras de betão. No entanto, Auxier et al. (1973) encontraram efeitos negligenciáveis na taxa de emanação dentro da faixa normal de temperatura doméstica. Verificou-se que a humidade tem efeitos significativos sobre a taxa de emanação de rádon. Auxier et al. (1973) relataram que a taxa de emanação pode aumentar em 10-20% se a humidade aumentar de 2-4% para 6-8% em peso. Ingersoll (1981) verificou que um efeito ainda maior. Verificou-se um aumento na emanação de rádon de cerca de 100% ao aumentar a humidade da amostra de betão em 4% (em peso).

1.7.2.3   Efeitos na saúde decorrentes da concentração de rádon

O rádon foi classificado como um carcinogéneo humano (ICRP, 1988). O rádon em recintos fechados é classificado como a 2nd causa mais importante de cancro do pulmão depois do tabaco.

O rádon, o tórax e os seus progenitores libertam mais de 50% da dose para a população humana. Outros cancros, como a leucemia infantil, podem também ocorrer devido à exposição a níveis elevados de radão em recintos fechados (Henshaw, 1990). As filhas de vida curta do^{222} Rn e do^{220} Th são inaladas com as partículas de poeira e entram nos pulmões. Estes progenitores de vida curta emitem partículas alfa durante o seu posterior decaimento e é libertada uma grande quantidade de energia. Esta grande quantidade de energia é transferida para os pulmões e danifica as células pulmonares, aumentando assim a probabilidade de cancro do pulmão. A dose para os pulmões devida às radiações beta e gama que são emitidas pelos progenitores do rádon é negligenciada devido à sua energia inferior à das partículas alfa. O perigo mais importante para a saúde humana devido à exposição a concentrações elevadas de rádon é o cancro do pulmão (Folger et al., 1994; Khan, 2000). Existe uma grande relação entre o rádon e o tabagismo. Segundo a EPA, o risco de cancro do pulmão para os fumadores é significativo devido à ação combinada do rádon e do tabaco. Assim, os fumadores correm um risco mais elevado de desenvolver cancro do pulmão induzido pelo rádon. Segundo a EPA (2003), estima-se que o rádon cause cerca de 21 000 mortes por ano por cancro do pulmão nos Estados Unidos. De acordo com o relatório da Academia Nacional de Ciências, BEIR VI, 1988, o rádon causa cerca de 15 000 a 22 000 mortes por cancro do pulmão por ano nos EUA. De acordo com a EPA (2010), cerca de 7 pessoas num total de 1000 morrerão de cancro do pulmão sem nunca terem fumado.

1.8 METAIS PESADOS NA ÁGUA (Zn, As, Cu, Cd e Pb)

[th]No século XX, a obtenção de água potável tornou-se um problema grave devido ao facto de as águas subterrâneas estarem contaminadas pela adição de substâncias tóxicas. Foram efectuados vários estudos em todo o mundo para determinar a concentração de metais pesados em amostras de água (Singh et al., 2003; Kumar et al., 2003; Sankar et al., 2010; Nabizadeh et al., 2005; Mohiuddin et al., 2011). Entre os metais pesados, o Zn, o As, o Cu, o Cd e o Pb estão presentes em toda a crosta terrestre e são muito mais tóxicos do que outros metais. Os estudos anteriores indicam que a ingestão destes metais pode provocar danos crónicos. Do ponto de vista da saúde, a ingestão de grandes quantidades de zinco pode causar anemia. A ingestão de cádmio através dos alimentos e da água pode afetar o sistema renal, pulmonar, esquelético, testicular e nervoso. O excesso de chumbo no corpo humano pode provocar dores de cabeça, irritabilidade, dores abdominais e vários sintomas relacionados com o sistema nervoso. O consumo elevado de Arsénio através da água pode provocar sintomas gastrointestinais, perturbações graves dos sistemas cardiovascular e nervoso central e, eventualmente, a morte. A ingestão elevada de cobre pode provocar perturbações gástricas e intestinais, tais como náuseas, vómitos, diarreia e cólicas estomacais.

1.9 PARÂMETROS FÍSICO-QUÍMICOS DE QUALIDADE DA ÁGUA (TDS, EC & pH)

1.9.1 TDS

Os sais inorgânicos e alguma quantidade de sais orgânicos dissolvidos na água na forma molecular e ionizada são designados por solvente total dissolvido (TDS). É a soma dos iões de carga positiva e negativa presentes na água. A qualidade geral da água é determinada pelo teste TDS, mas não dá qualquer conhecimento sobre a dureza, o sabor salgado ou a corrosividade da água.

As águas residuais, os resíduos industriais, os produtos químicos utilizados no processo de tratamento da água e os metais como o cobre e o chumbo presentes na água são responsáveis pela formação de TDS na água. O TDS é expresso em ppm ou mg/l. Singh (2003) referiu que quanto mais baixo é o TDS, mais baixa é a concentração de urânio na água no distrito de Amritsar.

1.9.2 CE

A capacidade da água para conduzir eletricidade é determinada pela CE. Está diretamente relacionada com os sais que se dividem em iões de carga positiva e negativa quando dissolvidos na água. O aumento do TDS não aumenta igualmente a CE, quando a concentração de sal atinge um nível em que a CE não aumenta mais. O TDS da água destilada é zero, pelo que a sua CE também é zero. A CE da água é expressa em ug/cm. A correlação positiva de urânio com TDS e CE é relatada por Singh (2003) em Amritsar, Patra (2013) em Jaduguda, Índia.

1.9.3 pH

O pH é a medida do carácter ácido ou básico da água. A escala de pH varia de 0-14. A água com um valor de pH inferior a 7 é de natureza ácida e com um valor superior a 7 é de natureza básica. O pH da água destilada (pura) é 7. Tanto os factores naturais como os artificiais afectam o pH da água. Os factores naturais, como o carbonato de cálcio, a precipitação, as mudanças de estação, a fotossíntese e a respiração, e os factores artificiais, como a chuva ácida, a exploração mineira e a poluição industrial, podem afetar o valor do pH da água. O valor do pH da água da chuva é aproximadamente igual a 5,65 (Hakanson, 2005). O valor do pH da água do mar situa-se entre 7,5 e 8,4 (Royal Society, 2005).

1.10 NECESSIDADE E IMPORTÂNCIA DO TRABALHO DE INVESTIGAÇÃO PROPOSTO

Os distritos de Jodhpur, Nagaur, Bikaner e Jhunjhunu do Rajastão foram seleccionados para o trabalho de investigação porque

1) As áreas adjacentes dos nossos distritos de investigação são Hanumanghar, Churu, Sikar e Shri Ganganagar. Nestas áreas adjacentes, a concentração de urânio em amostras de água potável (Rani et al., 2013) é elevada.

2) A matriz do solo que se encontra na nossa área de investigação é muito semelhante à do solo que se encontra nos distritos de Hanumanghar, Churu, Sikar e Shri Ganganagar do Rajastão. A concentração da atividade de radionuclídeos naturais é elevada no solo dos distritos de Hanumanghar, Churu, Sikar e Shri Ganganagar do Rajastão (Rani et al., 2013).

3) A influência das colinas de Aravalli e a maior cintura produtora de cobre estão localizadas no distrito de Jhunjhunu.

4) Em Makrana, no distrito de Nagaur, encontram-se minas muito profundas de mármore e granito.

5) Minas muito profundas de granito vermelho e pedra estão localizadas no distrito de Jodhpur.

Devido a todas estas razões, existe a possibilidade de concentração de urânio e metais pesados na água potável, de radão no ar interior, na água e no solo e as concentrações de atividade de radionuclídeos naturais nas amostras de solo são elevadas na nossa área de investigação.

Também o estudo de preocupações radiológicas ainda não foi efectuado na nossa área de investigação. A investigação primária para a avaliação do urânio e dos metais pesados na água potável, do rádon no ar interior, na água e no solo e a avaliação dos níveis de radioatividade natural no solo será realizada pela primeira vez nesta área. Assim, a avaliação do urânio e dos metais pesados na água potável, do rádon no ar interior, na água e no solo e a avaliação dos níveis de radioatividade natural no solo são necessários para a saúde.

1.11 ÁREA DE ESTUDO

O Rajastão está situado no noroeste da Índia. Situa-se entre *23°30'* e 30°1Γ de latitude norte e 69°29' e 78°17' de longitude leste. A Figura 1.3 mostra a localização geográfica do Rajastão na Índia, bem como a localização dos locais de amostragem.

O distrito de Jodhpur abrange uma região importante do norte do Rajastão. Situa-se entre 26°00' e 27°37' de latitude e 72°55' e 73°55' de longitude. A fronteira do distrito de Jodhpur toca cinco distritos. Bikaner fica a norte, Jaisalmer a noroeste, Barmer a sudoeste, Pali a sudeste e Nagaur a este-norte. As rochas Hillocks encontradas neste distrito pertencem ao período pré-cambriano. Estas rochas contêm calcário, arenito e granito. Os principais minerais encontrados neste distrito são o jaspe, a argila e a dolomite. Além disso, este distrito está rodeado pelos rios Luni-Jawa Plains, Jojri e Sukri.

O distrito de Nagaur situa-se na parte central do Rajastão. O distrito é delimitado pelas latitudes 26°02' a 27°37' e pelas longitudes 73°05' a 75°24'. O deserto de Thar cobre uma grande região do distrito de Nagaur. A fronteira desta região é partilhada por sete distritos do Rajastão, nomeadamente Jaipur, Ajmer, Pali, Jodhpur, Bikaner, Churu e Sikar. Devido à extração de mármore de Makrana, este distrito é bem conhecido em todo o mundo. É coberto pelas rochas do supergrupo de Deli, pelo granito de Erinpura, pelo conjunto ígneo de Malani, pelas rochas do supergrupo de Marwar e pelas rochas da série Jogira fuller's Earth/Kuchera Khajuwana. O lago

Sambhar, que contém o maior teor de sal, está localizado no distrito de Nagaur. Os principais minerais encontrados neste distrito são o calcário, a lenhite, o gesso e o mármore. A natureza do solo encontrado nestes dois distritos é argilosa, argilosa, arenosa e arenosa.

O distrito de Bikaner está situado na parte noroeste do Rajastão. Está delimitado entre 27°11' e 29°03' de latitude norte e 71°54' e 74°12' de longitude leste. A norte, faz fronteira com os distritos de Sriganganagar e Hanumangarh, a leste com Chum, a sul com os distritos de Jodhpur e Nagaur e a oeste, em parte, com os distritos de Jaisalmer e, em parte, com o Paquistão. Tal como o distrito de Nagaur, também faz parte do deserto de Thar. O solo do distrito de Bikaner é predominantemente de textura leve, estrutura fraca e bem drenado. Os minerais mais comuns neste distrito são a lenhite, o gesso, a argila e o calcário.

FIGURA 1.3: Mapa do Rajastão com a indicação da zona inquirida (sombreada).

O distrito de Jhunjhunu está situado na parte norte do Rajastão. Situa-se entre 27°38' e 28°31' de latitude norte e 75°02' e 76°06' de longitude. Faz fronteira com os distritos de Churu e Sikar do Rajastão a noroeste, sudoeste e sudeste e com os distritos de Hisar e Mahendragarh de Haryana a nordeste. A parte sul e nordeste do distrito de Jhunjhunu é coberta pelo grupo de rochas de Alwar. As colinas de Aravali também estão presentes em algumas áreas deste distrito. Este distrito apresenta sobretudo solos desérticos e dunas de areia. Dos três cinturões de produção de cobre na Índia, o cinturão de cobre de Khetri está localizado neste distrito. Os minerais normalmente encontrados neste distrito são o cobre, o ferro, o cobalto, o calcário, o granito e o mármore.

1.12 FINALIDADES E OBJECTIVOS DO PRESENTE ESTUDO

A partir da pesquisa bibliográfica, observou-se que os cientistas ambientais realizaram muitos estudos sobre preocupações radiológicas a nível nacional e internacional. Mas a pesquisa bibliográfica mostra que, até à data, não foi feita qualquer tentativa de medição da radioatividade ambiental nos distritos do Norte do Rajastão, na Índia. Os distritos de Jodhpur, Nagaur, Bikaner e Jhunjhunu, no Norte do Rajastão, Índia, foram seleccionados para o trabalho de investigação. No presente estudo, a concentração da atividade de radionuclídeos naturais (^{226} Ra, ^{232} Th e ^{40} K) nas amostras de solo, a medição da concentração de urânio, metais pesados e rádon em amostras de água, as concentrações de rádon no solo e as concentrações de rádon e tóron no interior das habitações dos distritos de Jodhpur, Nagaur, Bikaner e Jhunjhunu do Rajastão do Norte, Índia, foram investigadas sistematicamente pela primeira vez nesta área.

Os principais objectivos do presente estudo são

1) Estudar a concentração de urânio em amostras de água utilizando a técnica ICMPS.

2) Medir a concentração interior de rádon e tóron na região norte do Rajastão utilizando técnicas passivas (dosímetro de orifício) e activas (RAD7, um detetor eletrónico de rádon).

CAPÍTULO 2
MATERIAIS E
METODOLOGIA

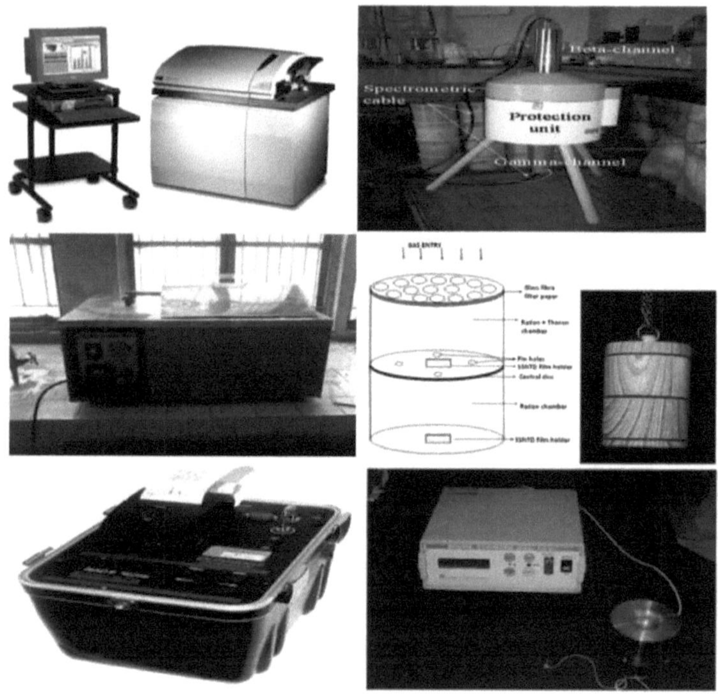

Este capítulo consiste numa breve descrição dos vários materiais, técnicas experimentais e instrumentos utilizados para medir a radioatividade ambiental no solo, no ar e na água na região investigada. Foram utilizados métodos passivos e activos para as medições, que são discutidos a seguir:

2.1 MÉTODOS DE ESTIMATIVA DO URÂNIO EM AMOSTRAS DE ÁGUA

Os métodos habitualmente utilizados para a deteção da concentração de urânio em amostras de água, mesmo a níveis baixos, são a fluorimetria de pellets, a técnica de registo de traços de cisão, a fluorimetria laser, a voltametria de desnudamento anódico, a análise por ativação neutrónica e a ICPMS. Na análise fluorimétrica de pellets são utilizados muitos reagentes e é um método que consome muito tempo. Na técnica de registo de traços de cisão, um volume conhecido de gota de água é seco num disco circular de lexan e deixado sobre o disco de lexan sob a forma de uma película fina. Em seguida, é coberta por outro disco de lexan para formar uma pelota. Em seguida, todas as pastilhas são colocadas numa cápsula de alumínio e irradiadas com neutrões térmicos. Os rastos são contados manualmente por microscópio ótico. O espetrómetro de massa com plasma indutivamente acoplado (ICP-MS) é uma excelente técnica espectroscópica para a deteção de uma variedade de metais e não metais devido às suas capacidades de deteção superiores e à sua elevada velocidade de cálculo. Na presente investigação, a técnica ICPMS foi utilizada para a estimativa de urânio e metais pesados em amostras de águas subterrâneas.

2.1.1 Espectrómetro de massa de plasma com acoplamento indutivo (ICP- MS)

O espetrómetro de massa com plasma indutivamente acoplado (ICP-MS) é uma técnica analítica utilizada para a deteção de vários elementos em concentrações tão baixas como uma parte em 10^{15} (figura 2.1). Nesta técnica, a análise química de amostras de água baseia-se no método ICP, que ioniza a amostra e depois a combina com o espetrómetro de massa para deteção de iões.

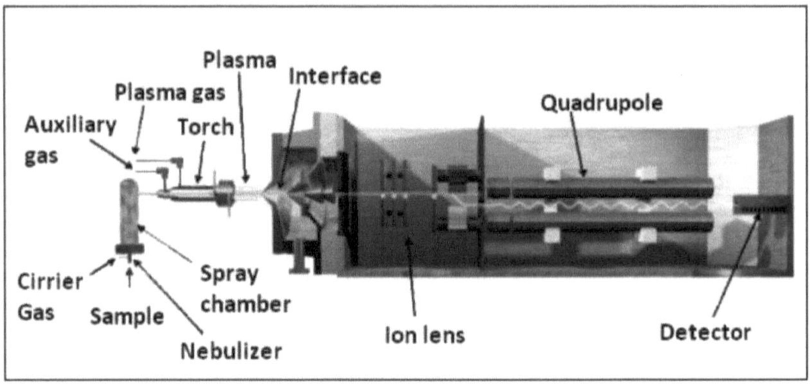

FIGURA 2.1: Diagrama de blocos ICP-MS

O gás árgon flui no interior dos canais concêntricos da tocha ICP. Um gerador de radiofrequência (RF) é ligado à bobina de carga RF. São criados campos eléctricos e magnéticos oscilantes na extremidade da tocha, quando a energia é fornecida à bobina de carga. Depois de aplicar a faísca ao gás árgon que flui no interior das câmaras concêntricas da tocha ICP, os electrões são retirados dos átomos/iões de árgon. Os campos oscilantes captam estes iões e colidem com outros átomos de árgon, formando uma descarga de árgon ou plasma. A amostra é introduzida no plasma ICP por um nebulizador que converte o líquido em aerossóis. Estes aerossóis são arrastados para o plasma e os elementos presentes nos aerossóis são primeiro convertidos em átomos gasosos e depois criam iões na extremidade da tocha de plasma. A temperatura muito elevada do plasma, que varia entre 6000 e 10 000° K, é suficiente para converter uma grande parte da amostra em iões. Os iões dos elementos são então colocados em contacto com o espetrómetro de massa através de cones de interface. A região de interface do ICP-MS transfere estes iões da pressão atmosférica (760 torr) para a região de baixa pressão do espetrómetro de massa ($<1 \times 10^{-5}$ torr). Para tal, cria-se uma região de vácuo intermédia com a ajuda de dois cones de interface, nomeadamente o cone de recolha de amostras e o cone de escumadeira. Os iões passam inicialmente pelo cone de amostragem (orifício de ~1 mm) e depois pelo cone de escumadeira (orifício de ~0,4 mm). O objetivo destes cones é obter uma amostra da parte central do feixe de iões proveniente da tocha ICP. Em seguida, os fotões provenientes da tocha ICP são bloqueados por um batente de sombra. O ICP-MS é mais adequado para as amostras de água com valores de TDS muito baixos. A abertura dos cones pode ser bloqueada por amostras com valores elevados de TDS, o que resulta numa diminuição da sensibilidade e da capacidade analítica do ICP-MS. As lentes electrostáticas são utilizadas para focar os iões provenientes da fonte ICP. As lentes electrostáticas permitem o alinhamento exato do feixe de iões e, em seguida, focam-no na entrada da fenda do espetrómetro de massa. Após a entrada dos iões no espetrómetro de massa, estes são separados pela sua relação massa/carga. O filtro de massa quádruplo é o tipo de analisador de massa normalmente utilizado no espetrómetro de massa. Neste tipo de espetrómetro de massa, são utilizadas quatro hastes com dimensões de 15 a 20 cm de comprimento e 1 cm de diâmetro. Aplicam-se tensões alternadas de CA e CC ao par oposto das varetas, que são rapidamente comutadas juntamente com um campo de RF. Apenas os iões com uma determinada razão massa/carga passam através das hastes e chegam ao detetor para uma determinada razão de tensão. O detetor recebe um sinal de iões e separa-os de acordo com a sua razão massa/carga.

Na presente investigação, foi utilizado um espetrómetro de massa ICP Perkin Elmer SCIEX, modelo ELAN® DRC II (Tolonto, Ontário, Canadá), como se mostra na figura 2.1. Para a introdução da amostra, foi utilizado um nebulizador Meinhard normalizado com uma câmara de pulverização ciclónica. Todas as medições quantitativas e semi-quantitativas foram efectuadas utilizando o software do instrumento. Estão programadas várias interferências isobáricas bem conhecidas, sendo as correcções aplicadas automaticamente. No quadro 2.1 são apresentados os parâmetros instrumentais e de aquisição de dados.

2.1.2 Características principais

- A técnica ICP-MS demora apenas 2 a 6 minutos para a análise de cada amostra.
- Excelente precisão e exatidão com um máximo de 5% R.S.D.
- Capacidade de obter informações isotrópicas.
- Deteção de elementos mesmo a níveis ultra-traço.
- Pequena quantidade de amostra necessária para a análise.

2.1.3 Aplicações

- É uma técnica totalmente multielementos que detecta os elementos com massa atómica entre 7 e 250 (Li a U).
- Deteção de impurezas inorgânicas em medicamentos.

Tabela 2.1: Parâmetros instrumentais e de aquisição de dados do ICPMS.

Instrumental parameters		
Nebulizer	0.86 L/min	
RF Power	1100 W	
Plasma	15 L/min	
Lens Voltage	5.00	
Sample uptake rate	0.80 mL/min	
Auxiliary	1.20 L/min	
Data Acquisition Parameters	**Quantitative Mode**	**Semi-quantitative mode**
Measuring mode	Peak hopping	Peak hopping
Dwell time (microseconds)	50	50
Number of sweeps	50	6
Point per Peak	1	1
Replicates	3	3
Integration time (ms)	2500	300
Internal standard	^{103}Rh[a]	-

[a]Numa concentração global de 20 ng/ml.

2.2 MEDIÇÕES DO RÁDON E DO TÓRAX EM RECINTOS FECHADOS (TÉCNICA PASSIVA)

2.2.1 Detetor de traços nucleares de estado sólido (SSNTD)

O campo dos detectores de traços nucleares de estado sólido foi iniciado em 1958 por D. A. Young na AERE Haewell (1958). Os SSNTD são sólidos isolantes fabricados pelo homem e de ocorrência natural (Fleischer et al., 1975; Iyer et al.,

1972). Existem diferentes tipos de detectores de SSNTDs, incluindo plásticos, cristais inorgânicos e vidros. Os vários detectores de traços de plástico, como o carbonato de diglicol alilo (CR-39), o policarbonato de bisfenol-A (Lexan, Makrofol) e o nitrato de celulose (CN 85, LR-115), estão disponíveis para registar os traços apenas das partículas alfa cuja energia se situa numa determinada gama. Os SSNTD são utilizados em vários domínios científicos, como a física nuclear (para a medição do urânio no solo pelo método do traço de cisão, pesquisa de elementos superpesados), o teor de elementos e a sua distribuição, no dosímetro de rádon (para medir a concentração de rádon) e em aplicações biológicas (para medir o teor de atividade alfa no sangue e o teor de chumbo nos dentes e ossos) (Bhagwat, 1993). Mas uma grande desvantagem dos SSNTDs é o facto de serem menos sensíveis durante um curto período de tempo, o que os torna menos eficazes para poucas aplicações.

2.2.2 Características principais

- São baratos e práticos de utilizar.
- Podem ser utilizadas técnicas rápidas e automáticas com estes detectores para contar o número de eventos que ocorrem.
- São insensíveis às radiações p, y e X.
- São insensíveis à luz. A sua revelação ou gravação é simples e rápida, pelo que não necessita de instalações de câmara escura.
- Os traços registados constituem um registo permanente do fenómeno em estudo. Não são afectados por alterações das condições atmosféricas, como a temperatura, a pressão, a humidade, etc.

2.3 PISTA DE PLÁSTICO DE NITRATO DE CELULOSE DETECTOR (LR-115 TIPO- II)

O detetor LR-115 de tipo II, também conhecido como detetor de traços de plástico de nitrato de celulose, fabricado pela Kodak, França, é utilizado para a deteção e medição de radiações alfa. A fórmula química do LR-115 tipo II é $C_6H_8O_9N_2$. É constituído por uma camada vermelha ativa ou camada de nitrato de celulose com uma espessura de 11,5 a 12,0 ųm, que é revestida por uma base de poliéster transparente (PET) de 100 ųm. A estrutura geral do detetor de traços de plástico de nitrato de celulose (LR-115 tipo-II) é mostrada na figura 2.2. O detetor de traços nucleares de estado sólido LR-115 tipo-II é sensível apenas a partículas alfa com uma gama de energia de 1,7 a 4,8 Mev (Jonsson, 1981; Abu-Jarad et al., 1980). Por conseguinte, não detecta as partículas alfa emitidas pelos progenitores do rádon devido às suas elevadas energias (6,0 Mev de ^{218} Po e 7,68 Mev de ^{214} Po), mesmo superiores à energia do limiar superior. Os detectores LR-115 de tipo II não são normalmente afectados pela luz, pelo aquecimento moderado, pela temperatura e pela humidade (Durrani et al., 1997) e são também insensíveis aos raios p, y, X, infravermelhos e ultravioleta.

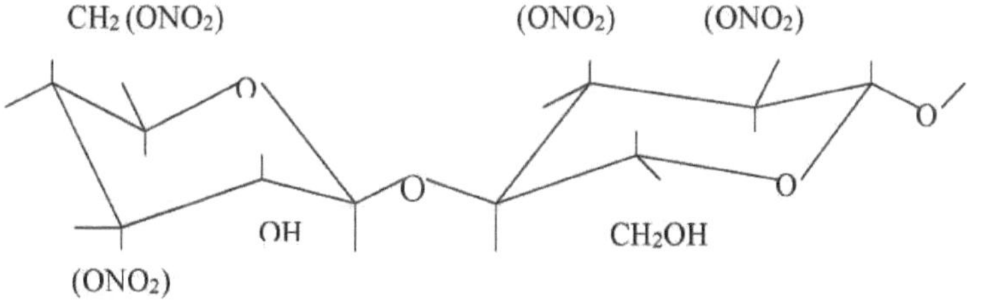

FIGURA 2.2: Fórmula estrutural do detetor de traços de plástico de nitrato de celulose (LR-115)

Existem vários modelos que explicam o mecanismo de formação de rastos. Mas só o modelo do pico de explosão iónica pode explicar com êxito a formação de rastos. Este modelo é apresentado por Fleischer e seus colaboradores (UNSCEAR, 1982). De acordo com este modelo, quando uma partícula de carga positiva passa através do detetor isolante, ela arranca os electrões orbitais do átomo e deixa um rasto estreito de danos na superfície desta película, cujo diâmetro varia entre 1 μm e 15 μm. Estes danos de rasto estreito são chamados "rastos latentes". Estes rastos não podem ser vistos a olho nu. Mas após a gravação destes detectores, os rastos podem ser contados com a ajuda de um contador de faíscas.

2.4 DOSÍMETRO DE ORIFÍCIO

Para a medição do rádon e do tórax em recintos fechados, os métodos habitualmente utilizados são o modo Bare (Alter et al., 1981), o dosímetro de copo duplo (Eappen et al., 2004) e o dosímetro de orifício (Sahoo et al., 2013). A técnica passiva de modo simples falha porque não é capaz de distinguir entre concentrações de rádon e de tóron. O dosímetro de copo duplo abre-se de ambos os lados e a mesma taxa de gás entra em ambos os lados do dosímetro, o que pode não fornecer a concentração exacta de rádon e tóron no interior. Para ultrapassar as limitações de ambas as técnicas passivas, foi utilizado um dosímetro de orifício de pino recentemente concebido com entrada de gás numa única face com uma placa de discriminação $Rn/^{222220}Rn$ para a medição da concentração interior de rádon e tórax.

A figura 2.3 apresenta um desenho esquemático do dosímetro de orifício.

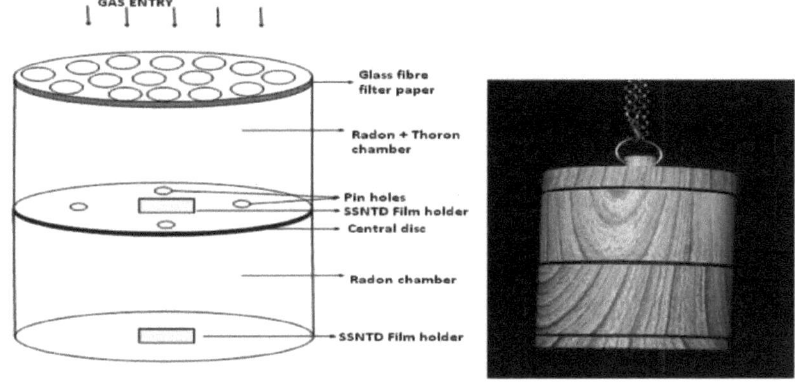

FIGURA 2.3: Diagrama esquemático do dispositivo de medição Rn-^{222220} Rn baseado num orifício e respectiva fotografia mostrando a orientação da implantação

Trata-se de um recipiente cilíndrico fechado de 6,2 cm de diâmetro, com uma única entrada no fundo para o gás. Um papel de filtro de fibra de vidro (0,56 ц m) é fixado na entrada. Permite a passagem apenas de gás radão/torão e restringe os seus progenitores. O dosímetro de pinhole está dividido em duas câmaras de 4,1 cm de comprimento cada, utilizando um disco central com quatro orifícios de pino com dimensões de 2 mm de comprimento e 1 mm de diâmetro. Este disco actua como discriminador de tóron e detém cerca de 98% do gás tóron na câmara inferior, denominada câmara "radão+tóron". A conceção de quatro pinos no disco central é tal que permite a transmissão de 97% do gás rádon para a segunda câmara, denominada câmara de rádon (Sahoo et al., 2013). Ambas as câmaras são revestidas internamente com pós metálicos para se obter um campo elétrico nulo no interior da câmara, de modo a que a deposição dos progenitores formados a partir dos respectivos gases seja uniforme em todo o volume. Uma caraterística muito importante do dosímetro de pinhole é o facto de o filtro de membrana ser substituído por uma placa de discriminação Rn/^{222220} Rn com quatro orifícios.

2.5 BANHO DE TEMPERATURA CONSTANTE PARA GRAVAÇÃO

DE SSNTDS (LR-115 TIPO-II)

O ataque químico é necessário para ampliar as pistas latentes, de modo a que estas possam ser contadas com a ajuda do contador de faíscas. A gravação química é efectuada com a ajuda de um banho de água controlado tematicamente. Foi utilizado um banho de temperatura constante Polltech fabricado pela empresa ABC, Ambala Cant, para o ataque químico dos detectores LR-115 de tipo II. Os detectores com rastos latentes são imersos em solução de NaOH 2,5N a 60°C durante 90 minutos num banho de temperatura constante sem agitação (figura 2.4). Após o condicionamento, foram removidos cerca de 4 µm de espessura do detetor. No final do condicionamento, as películas são removidas do banho de condicionamento e lavadas com água destilada para remover a natureza saponácea do NaOH e depois secas. Após a secagem, os detectores são retirados da sua base e contados por um contador de faíscas.

FIGURA 2.4: Banho de gravura

2.6 CONTADOR DE FAÍSCAS

Há alguns anos, o microscópio ótico tem sido utilizado para analisar as marcas gravadas em SSNTDs. Mas a avaliação de traços gravados em SSNTDs por microscópio ótico é muito difícil e consome muito tempo. Esta limitação é ultrapassada pelo contador de faíscas. Na presente investigação, foi utilizado um contador de faíscas para contar eletronicamente os orifícios das pistas gravadas por partículas carregadas num detetor de pistas de plástico. Trata-se de uma unidade integral compacta, fabricada por M/S Digiline Electronics, Mumbai, e calibrada pela Environmental Assessment Division, Bhabha Atomic research Centre, Mumbai. O contador de faíscas é constituído por uma cabeça de faísca, um circuito EHT e circuitos de formação de impulsos, um interrutor de arranque, um interrutor de tensão de regulação e um contador/visor de quatro dígitos (figura 2.5).

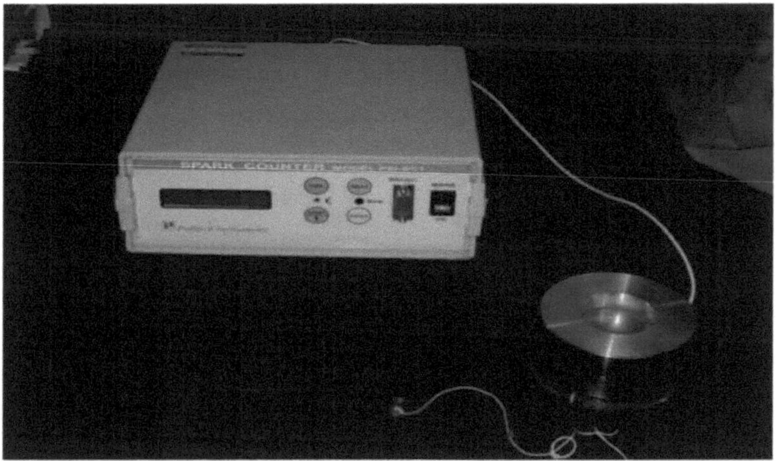

Figura 2.5: Contador de faíscas

Os finos detectores de plástico LR-115 tipo-II gravados (8-10 ц m de espessura) são colocados na parte superior do elétrodo condutor espesso que é feito de latão ou aço inoxidável e coberto com uma fina película "myler aluminizada", de modo a que a superfície de alumínio fique virada para o detetor e para o elétrodo fino. É colocado um peso pesado na superfície superior do myler, que se estende entre os dois eléctrodos, de modo a assegurar um bom contacto entre os eléctrodos, o detetor e a película aluminizada. Quando a alta tensão é aplicada através do condensador, a faísca ocorre nos locais gravados do detetor. A tensão de pré-faiscamento e de contagem é ajustável de 100 V a 1000 V dc através de potenciómetros digitais. Os dados do contador de faíscas podem ser transferidos para um PC através da porta de comunicação série RS-232 incorporada. O número total de faíscas através de locais gravados é registado e apresentado.

2.7 MEDIÇÃO DA CONCENTRAÇÃO DE RÁDON NO AR INTERIOR UTILIZANDO RAD7 (TÉCNICA ACTIVA)

Existem diferentes tipos de monitores contínuos de rádon disponíveis no mercado. Estes monitores de rádon só podem detetar partículas alfa e não beta ou gama. É muito difícil fabricar um detetor portátil para a deteção de radiações beta ou gama que tenha alta sensibilidade e baixo nível de fundo. Os detectores normalmente utilizados para a deteção de partículas alfa de baixo fundo são a célula de Lucas (célula de cintilação), as câmaras de iões e o detetor alfa de estado sólido. Na presente investigação, foi utilizado um detetor alfa de estado sólido (RAD7) para a medição ativa da concentração de rádon no ar interior, na água e no solo, como mostra a figura 2.6. O RAD7 é constituído por uma bomba de ar que aspira o rádon da amostra e por um detetor alfa de semicondutores de silício de estado sólido que converte a radiação alfa diretamente num sinal elétrico. A capacidade da célula de amostragem interna do RAD7 era de 0,7 litros em forma de hemisfério, revestida no interior com um condutor elétrico. Foi colocado no centro do hemisfério um detetor alfa de semicondutores de silício de estado sólido para converter a radiação alfa diretamente num sinal elétrico. O interior do condutor foi carregado a um potencial muito elevado de 2000-2500V com a ajuda de um circuito de alimentação de alta tensão, relativamente ao detetor, o que criou um campo elétrico muito elevado em todo o volume da célula. O campo elétrico criado impulsiona a partícula de carga positiva para o detetor, pelo que a partícula alfa é detectada pelo detetor. Antes de efetuar cada medição, é necessário reduzir a humidade relativa para menos de 10%, uma vez que a sensibilidade do instrumento diminui com a humidade elevada. Para reduzir a humidade relativa para menos de

10 %, o RAD7 está equipado com um tubo dessecante ($CaSO_4$) e é cuidadosamente seco. Além disso, foi utilizado um filtro inerte com tamanho de poro de 1μ m para bloquear as partículas finas de poeira e todas as filhas do rádon de entrarem na câmara de teste do RAD7 (Durridge Co. Inc., 2013). O instrumento foi calibrado de acordo com as recomendações da Agência de Proteção Ambiental (EPA). Uma das principais características dos detectores de estado sólido (RAD7) é a sua robustez. Tem capacidade para determinar eletronicamente a energia de cada partícula alfa. Conhecendo a energia, é possível dar a informação exacta do isótopo (polónio-218 e polónio-214) que produz as radiações. Tem a capacidade de distinguir o rádon novo do rádon antigo que está presente devido a testes anteriores.

FIGURA 2.6: Detetor eletrónico de rádon profissional RAD7 (Durridge

Co. EUA)

2.7.1 Medição do rádon e do thoron em recintos fechados

Para a medição ativa da concentração de rádon e tóron no ar interior, o RAD7 é ligado ao acessório de vareta seca numa configuração de circuito fechado. Para a medição ativa do rádon e do tórax no ar interior, foi utilizado o protocolo Sniff e o modo de tórax. O RAD7 tem a capacidade de distinguir o rádon do tórax no ar interior conhecendo a energia de cada partícula alfa.

2.7.2 PARÂMETROS FÍSICO-QUÍMICOS DE QUALIDADE DA ÁGUA

Os parâmetros físico-químicos de qualidade da água, como os sólidos totais dissolvidos (TDS), o pH e a condutividade eléctrica (CE) nas amostras de águas subterrâneas, foram medidos com a ajuda de um medidor de bancada de pH/CE, utilizando procedimentos normalizados (ALPHA, 1985).

CAPÍTULO 3

VARIAÇÃO SAZONAL DO RADÃO
E CONCENTRAÇÃO DE THORON NO AR INTERIOR

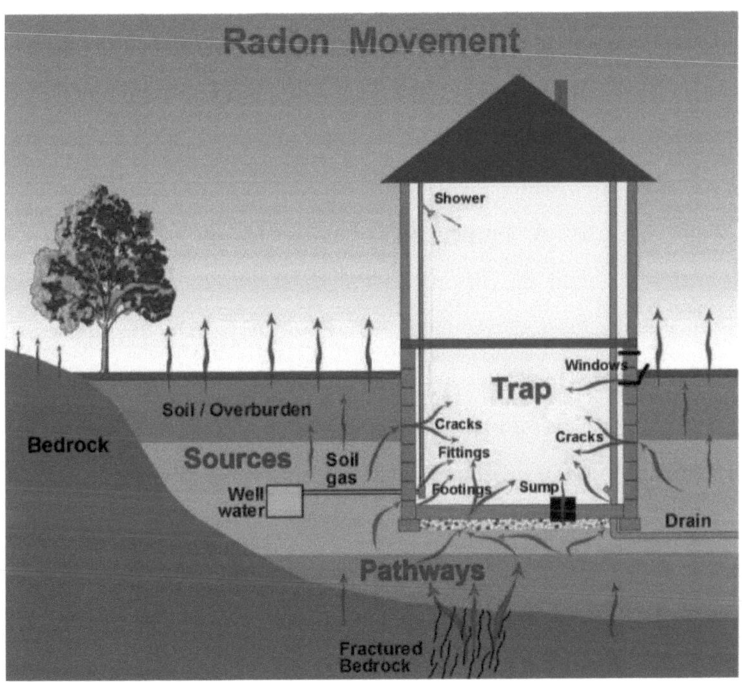

3.1 INTRODUÇÃO

Os riscos causados pelas radiações naturais são um dos principais interesses da investigação no domínio da saúde. O rádon (^{222} Rn), o tóron (^{220} Rn) e os seus derivados contribuem para uma grande parte da radiação natural de fundo. Representa metade da dose total para o homem proveniente de todos os tipos de radiações (UNSCEAR, 2000). O rádon é o subproduto da série do urânio (^{238} U), sendo normalmente observado no estado gasoso. Em condições normais, a presença do gás rádon é difícil de detetar devido à sua natureza insípida, inodora e incolor. O rádon gasoso é mais versátil, pelo que pode ser facilmente encontrado na atmosfera, no solo, na água, nos minerais, nos fósseis, etc. No entanto, o tóron é um dos isótopos do rádon, mas é o bi-produto da série do tório (^{232} Th). É também um gás insípido, inodoro e incolor que se encontra na atmosfera e na crosta terrestre.

Há vários factores, como a ventilação, a velocidade do vento, a humidade, a temperatura, a pressão, os materiais de construção, o tipo de solos, a topografia e o tipo de construções que afectam a concentração de rádon e de tóron no interior dos edifícios. Devido ao grande efeito destes factores, a concentração de rádon e tóron no interior dos edifícios varia significativamente entre os diferentes países ou mesmo entre as mesmas zonas do país. A ameaça de radiação para os seres humanos provém basicamente dos materiais de construção contaminados nos quais estes gases estão obviamente presentes. Os gases de rádon/torão saem das paredes, do chão e do telhado das habitações e aumentam o nível de rádon ao acumularem-se no interior das divisões. No entanto, podem ser encontradas concentrações de rádon muito mais elevadas em locais como minas, grutas e instalações de tratamento de água. O rádon, no seu estado atual, não é perigoso. Isto deve-se ao facto de a exposição ao rádon afetar os seres vivos através de um processo típico, embora a concentração de rádon no interior não deva exceder mais de 300 Bq m^{-3} ; de acordo com as recomendações da Comissão Internacional de Proteção contra as Radiações (ICRP). O rádon converte-se em partículas de vida curta, que são sólidos, através da emissão de partículas alfa. Estes produtos de vida curta aderem facilmente às partículas de poeira e entram nos pulmões por inalação do ar. As partículas filhas de vida curta decaem ainda mais por emissão de partículas alfa e libertam uma enorme quantidade de energia. Devido ao menor poder de penetração das partículas alfa e à acumulação de energia nestas partes do pulmão, aumenta o risco de cancro do pulmão. Com base nos estudos epidemiológicos, foi estabelecido que os níveis elevados de rádon no interior das habitações podem causar riscos para a saúde e conduzir a doenças graves como o cancro do pulmão nos seres humanos (Axelson, 1995; Bochicchio et al., 1998; Field et al., 2000).

De acordo com um estudo, há 15000-20000 mortes por ano nos EUA devido ao cancro do pulmão induzido pelo rádon. Existe também uma grande relação entre o rádon interior e o tabagismo passivo para causar o cancro do pulmão. Segundo a Agência de Proteção do Ambiente (EPA), cerca de 7 pessoas num total de 1000 sofrem de cancro do pulmão sem nunca terem fumado.

É bem sabido que a concentração de rádon e tórax em recintos fechados depende dos seus elementos de origem, o rádio e o tório, que estão presentes na crosta terrestre. Devido à presença natural de radionuclídeos no solo, o solo é a principal fonte de concentração de rádon em recintos fechados. A concentração de rádon e tório é elevada nas habitações construídas com lama, tendo estas habitações de lama mais influência na população em geral do que outro tipo de habitações (UNSCEAR, 2000 e Nazaroff et al., 1988). Tanto quanto sabemos, não foi feita qualquer tentativa de medição da concentração de rádon e tóron no ar interior nos distritos acima mencionados. Além disso, a presente investigação revela a variação sazonal sistemática da concentração de rádon e tórax no ar interior dos distritos de Jodhpur Nagaur, Bikaner e Jhunjhunu, no norte do Rajastão, Índia.

3.2   Metodologia experimental

3.2.1 Medição passiva de concentrações interiores de^{222} Rn e^{220} Rn utilizando dosímetros de orifício (medição a longo prazo)

Foi utilizado um dosímetro de orifício recentemente concebido para medir a concentração de rádon e tóron no interior. Dois detectores Kodak LR-115 tipo II (tamanho 3 cm x 3 cm), um em cada câmara, foram fixados no interior do dosímetro de orifício na direção da face para baixo. Os dosímetros de orifício foram suspensos no interior das habitações a cerca de 20 cm de distância das paredes, 3 m abaixo do teto e 1,5 m acima do chão, de modo a que o dispositivo não fosse perturbado pelo movimento aleatório dos ocupantes das habitações.

Para medir a variação anual da concentração de rádon, o ano completo foi metodologicamente dividido em quatro estações. A duração de cada estação era de 3 meses: inverno (dezembro a fevereiro), primavera (março a maio), verão (junho a agosto) e outono (setembro a novembro). Esta nomenclatura foi decidida de acordo com as condições geológicas da Índia. Após a conclusão de cada estação, os antigos detectores de pista de plástico LR-115 tipo II foram substituídos por novos e os detectores mais antigos foram analisados quanto à concentração de rádon/tório. As películas de SSNTD expostas durante três meses foram depois gravadas com uma solução de NaOH 2,5 N a 60°C durante 90 minutos num banho de temperatura constante Polltech sem agitação para remover cerca de 4 pm de espessura da película. Em seguida, as películas foram lavadas com água destilada para remover o carácter saponáceo do NaOH e depois secas. O detetor inferior revelou os rastos de radão+torão e o detetor superior revelou os rastos de radão+torão. Estes detectores foram então retirados da sua base e as densidades das pistas foram contadas pelo contador de faíscas Polltech.

No presente estudo, foi selecionado um total de 40 habitações, 10 de cada um dos distritos de Jodhpur, Nagaur, Bikaner e Jhunjhunu, no norte do Rajastão, Índia. Para reduzir ao mínimo o erro produzido pelas actividades humanas dos residentes, foram instalados dois dosímetros de orifício em cada habitação, nas mesmas condições de material de construção e ventilação. Assim, no presente estudo, foram suspensos um total de 80 dosímetros de pinhole em 40 habitações diferentes. Supõe-se que a concentração interior de rádon e tóron depende do material de construção e das condições de ventilação. Por conseguinte, as habitações foram classificadas com base na natureza dos materiais de construção utilizados na construção como A1 (Pavimento: Cimentado, Telhado: Pedra + Cimentado, Parede: Pedra), A2 (Pavimento: Mármore, Telhado: Tijolo + Cimentado, Parede: Pedra), A3 (Pavimento: Barro, Telhado: Tijolo + Barro, Parede: Pedra), A4 (Pavimento: Cimentado, Telhado: Estanho, Parede: Tijolo) e A5 (Pavimento: Telha cerâmica, Telhado: Pedra + Cimentado, Parede: Pedra). Além disso, as condições de ventilação são classificadas como (i) Medíocre: para uma divisão com apenas uma porta (ii) Bom: para 4 portas e 2 ventiladores numa divisão (iii) Parcial: para condições de ventilação entre Medíocre e Bom.

3.2.2 Medição ativa do rádon em recintos fechados (^{222} Rn) utilizando o detetor RAD7 (medição de curto prazo)

Para a medição ativa do rádon e do tóron no ambiente interior, a vareta seca é um acessório ligado ao RAD7 numa configuração de circuito fechado na figura 3.1. A bomba incorporada aspira o ar do exterior, que passa sequencialmente pelo secador para reduzir a humidade relativa e vai depois para a célula de amostragem interna, que consiste num material semicondutor de silício que converte as radiações alfa diretamente num sinal elétrico. Para a medição do rádon e do tóron no ar interior, foi utilizado o protocolo sniff e o modo tóron no detetor RAD7. De acordo com a Agência de Proteção do Ambiente (EPA), para obter resultados exactos, pelo menos antes de 24 horas, as portas e as janelas devem ser fechadas desde o início e durante o teste, não sendo também permitida qualquer ventilação mecânica, como ventoinhas, durante este período.

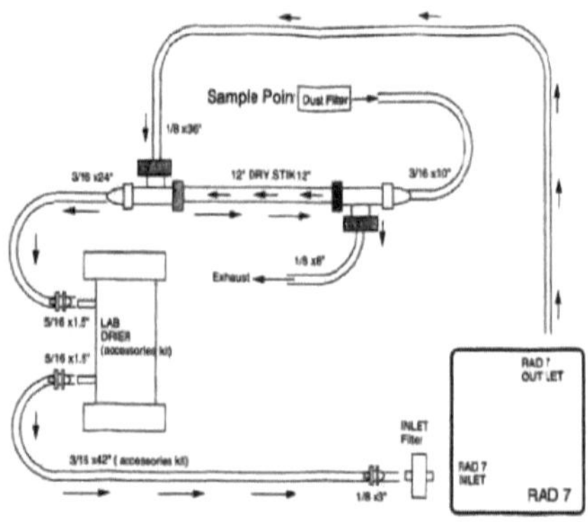

FIGURA 3.1: O esquema de monitorização da concentração de rádon no ar interior utilizando o RAD7, um detetor alfa de estado sólido.

3.2.3 Avaliação da concentração dos gases rádon e thoron

A concentração de rádon e tóron na "câmara de rádon" e na "câmara de rádon+tóron" foi calculada a partir das densidades das pistas utilizando a equação (Sahoo et al., 2013):

Radon Concentration (Bq m^{-3}); $C_R = (T_1 - B_1)/(D \times k_r)$ **(3.1)**

Thoron Concentration (Bq m^{-3}); $C_T = ((T_2 - B_2) - (T_1 - B_1))/(D \times k_t)$ **(3.2)**

em que T1 e T2 representam as densidades de trajetória do rádon e do rádon+toro, respetivamente. B1 e B2 são as contagens de fundo para o rádon e o rádon+torão, respetivamente. D representa o número de dias de exposição, k_r é o fator de calibração do rádon na câmara de rádon (0,0170 ± 0,001 Trcm d^{-2-} 1/Bq m-3) e k_t é o fator de calibração do tórax na câmara de rádon + tórax (0,010 ± 0,001 Trcm d^{-2-1} /Bq m^{-3}).

3.2.4 Avaliação da dose efectiva anual

A dose efectiva anual devida à exposição ao rádon nas habitações da área de estudo foi calculada de acordo com o parâmetro dado pelo relatório UNSCEAR (2000) como:

$$\text{Annual effective dose } (mSv\ y^{-1}) = C_R\ (Bq\ m^{-3}) \times 0.4 \times 7000\ h\ y^{-1} \times 9\ nSv\ h^{-1}\ (Bq\ m^{-3})^{-1} \tag{3.3}$$

O fator 0,4 é o fator de equilíbrio entre o rádon e os seus produtos de decaimento, 7000 h y^{-1} é a duração média da ocupação interior por pessoa e 9 nSv h^{-1} (Bq m $)^{-3-1}$ é o Fator de Conversão de Dose para a exposição ao rádon.

A dose efectiva anual devida à exposição ao tóron nos agregados familiares da área de estudo foi calculada através da seguinte relação (UNSCEAR, 2000):

$$\text{Annual effective dose } (mSv\ y^{-1}) = C_T\ (Bq\ m^{-3}) \times 0.02 \times 7000\ h\ y^{-1} \times 40\ nSv\ h^{-1}\ (Bq\ m^{-3})^{-1} \tag{3.4}$$

O fator 0,02 é o fator de equilíbrio entre o tóron e os seus produtos de decaimento, 7000 h y^{-1} é a duração média da ocupação de um espaço interior por pessoa e 40 nSv h^{-1} (Bq m $)^{-3-1}$ é o fator de conversão de dose para a exposição ao tóron.

3.3   RESULTADOS E DISCUSSÃO

3.3.1 Análise dos níveis de rádon e tóron no ar interior utilizando o dosímetro Pin-Hole (técnica passiva)

A concentração interior de rádon e tórax nos distritos de Jodhpur, Nagaur, Bikaner e Jhunjhunu, no norte do Rajastão, Índia, para as estações do inverno, verão, primavera e outono, com os respectivos valores médios, foi apresentada no quadro 3.1.

A concentração interior de rádon e tóron (medida em Bq m^{-3}) para toda a região investigada varia entre 109±17 e 334±13 e 26±15 e 418±21 com o valor médio de 207±15 e 153±14, 45±11 e 128±19 e 12±6 e 140±19 com o valor médio de 72±14 e 60±12, 63±17 e 255±21 e 3±2 e 326±22 com o valor médio de 103±15 e

68±12, e 74±9 a 300±21 e 6±4 a 408±29 com o valor médio de 144±16 e 82±11 para as estações do inverno, verão, primavera e outono, respetivamente.

O valor médio anual dos níveis de rádon e tóron (medido em Bq m^{-3}) para o distrito de Jodhpur varia de 106,24±16 a 145,58±15 e 25,01±8 a 136,56±13 com o valor médio de 124,69±14 e 86,93±11, para Nagaur varia de 100,71±15 a 175,01±15 e 48,09±18 a 159,76±20 com o valor médio de 128.50±16 e 100,43±15, para Bikaner varia de 93,75±16 a 163,75±16 e 39,61±8 a 138,34±12 com o valor médio de 124,72±15 e 82,05±11 e para Jhunjhunu varia de 112,77±16 a 235,28±18 e 45,84±10 a 159,37±12 com o valor médio de 148,47±16 e 94,89±11, respetivamente, conforme indicado no quadro 3.2. O valor médio dos níveis de rádon e tóron (medidos em Bq m^{-3}) no ar interior na presente investigação varia de 93,75±16 a 235,28±18 e 25,01±8 a 159,37±20 com o valor médio de 131,96±14 e 91,48±11, respetivamente (figura 3.6). O ICRP, 2009, recomendou o nível de ação para a concentração de rádon no interior entre os limites 200-300 Bq m^{-3} . Observou-se que o nível médio anual de rádon nas casas do distrito de Jhunjhunu era mais elevado do que nos outros distritos investigados. Tal pode dever-se à influência das colinas de Aravalli presentes perto da nossa área investigada, que são compostas principalmente por quartzo, gneisse, xisto, filito, cobre, xisto, veios de minério de ferro e mármore, etc.

Os dados da tabela 3.1 foram representados para os quatro distritos nas figuras 3.2, 3.3, 3.4 e 3.5, respetivamente, revelando a variação sazonal da concentração de rádon. Os resultados mostram que a concentração de rádon é mais elevada no inverno e mais baixa no verão. No inverno, o elevado nível de rádon no ar interior deve-se à fraca ventilação entre o ar exterior e o ar interior durante esta estação (quadros 3.1 e

3.2). As portas e as janelas destas casas estão normalmente fechadas e as ventoinhas estão desligadas, pelo que o rádon libertado das habitações não consegue escapar e, consequentemente, os valores medidos dos níveis de rádon são elevados nesta estação. Inversamente, as boas condições de ventilação são responsáveis pelos níveis mais baixos de rádon na estação do verão (quadros 3.1 e 3.2). O efeito direto das condições de ventilação está representado na figura 3.7. Esta mostra uma variação sistemática da concentração média anual de rádon em diferentes condições de ventilação. As habitações com más condições de ventilação apresentam níveis mais elevados de rádon no interior, enquanto as habitações bem ventiladas têm uma concentração média anual de rádon mais baixa. Do mesmo modo, a concentração de tórax no interior também é elevada na estação do inverno e menos observada na estação do verão.

Os materiais de construção da habitação determinam a concentração de rádon no interior. Para elucidar esta noção nas observações, foi calculada a variação da "Concentração média anual de rádon" com os "Materiais de construção da habitação" e os resultados são apresentados na figura 3.8. A concentração média anual de rádon foi observada mais elevada com o material do tipo A3 (pavimento: lama, telhado: tijolo + lama, parede: pedra) (quadro 3.2). Em particular, a concentração mais elevada de rádon é observada em Kuchera, distrito de Nagaur, e Khetri, distrito de Jhunjhunu, apresentou o segundo valor mais elevado na estação do inverno (quadro 3.1). Estas habitações são constituídas por material do tipo A3 com ventilação deficiente. No entanto, a concentração média anual de rádon mais baixa é observada em habitações constituídas por material do tipo A2 (pavimento: mármore, telhado: tijolo + cimento, parede: pedra) (quadro 3.2). Nos presentes estudos, o valor mais baixo da concentração de rádon é encontrado na habitação da cidade de Pipar, distrito de Jodhpur (quadro 3.1) na estação do verão, que é construída com material do tipo A2 com boa ventilação. Estes resultados individuais também clarificam os resultados médios apresentados na figura 3.8.

A concentração de tórax no interior das habitações foi mais elevada em Kvinda, distrito de Jodhpur, na estação do inverno, devido à extração de granito vermelho que liberta tórax nos arredores. O valor mais baixo do nível de tóron foi encontrado em habitações de Badagav, distrito de Jhunjhunu, na estação da primavera.

Observou-se que, na estação do inverno, a concentração de rádon no ar interior no distrito de Jodhpur é de cerca de 40%, no distrito de Nagaur é de cerca de 50%, no distrito de Bikaner é de cerca de 60% e no distrito de Jhunjhunu cerca de 50% das habitações situam-se no limite do nível de ação ou acima, tal como recomendado pelo ICRP, 2009. No verão e na primavera (exceto uma, a concentração de rádon no interior de Sultana na primavera = 255±21 Bq m^{-3}), a concentração de rádon no ar interior de todas as habitações é inferior ao nível de ação (200-300 Bq m^{-3}). No entanto, a concentração de rádon no ar interior de todas as habitações na estação do outono é inferior ao intervalo do nível de ação aprovado pelo ICRP, 2009, exceto três (concentração de rádon no ar interior para Merta Road = 232±28 Bq m^{-3} , para Borki = 220±21 Bq m^{-3} e para Sultana = 300±21 Bq m^{-3}).

A tabela 3.3 mostra uma comparação da concentração de rádon no ar interior de diferentes locais da presente investigação e a relatada na literatura. Revela que a concentração de rádon no ar interior da região de Malwa do Punjab (Mehra et at., 2006), Garhwal Himalaya (Gusain et al., 2009) e alguns distritos do Rajastão do Norte (Duggal et al., 2012) está em estreita concordância com o presente trabalho. No entanto, em Srivaikuntam (Tamilnadu) (Kumar et al., 2007a), Thankassey (Kerala) (Kumar et al., 2007b), Kulu (H.P.) (Singh et al., 2001), a concentração de rádon é mais elevada, ao passo que no norte de Haryana (Chauhan et at., 2010) a concentração de rádon é inferior ao valor do presente inquérito.

A variação sazonal percentual dos níveis de rádon no ar interior de diferentes locais foi explorada em termos do rácio inverno/verão. Os resultados são apresentados na tabela 3.2 e representados novamente na figura 3.9. O rácio varia de 1,16 a 6,57 com um valor médio de 3,12. A figura mostra claramente que o rácio é mais elevado em Sherguarh (distrito de Jodhpur), com um valor de 6,57. Esta variação é significativa no sentido em que a concentração de rádon no interior, 309±19 Bq m⁻³ na estação do inverno em Sherguarh, ultrapassa os níveis de ação (200-300 Bq m⁻³), ao passo que se manteve dentro do limite de segurança com um valor de 47±17 Bq m⁻³ na estação do verão. É importante referir que Sherguarh (distrito de Jodhpur) é uma zona de extração de mármore vermelho e pedra. Supõe-se que estas condições geológicas tenham uma correlação com a concentração de rádon no interior; estes resultados podem ser investigados em estudos posteriores. Os valores mais baixos do rácio entre o inverno e o verão são observados em Shri. Dungargarh (distrito de Bikaner) com valores de rácio de 1,16. Nestes distritos, mesmo os valores mais elevados (109±17 Bq m⁻³ (para a época de inverno) e 94±18 Bq m⁻³ (para a época de verão)) estão dentro do limite de segurança.

Comparison of ratio of radon with respect to winter/summer ratios in indoor air has been observed in present study with the literature reports has been discussed as tabulated in table 3.4. Pode ver-se que a relação inverno/verão do rácio de rádon no ar interior de Malwa Punjab (Singh et al., 2005a), Muktsar (Singh et al., 2005b), Ferozpur e Haryana Ocidental da Índia (Kansal et al., 2012), área de Kullu de H.P, Tehri Garwal de Uttarakhand, Sikar e distrito de Churu, Rajasthan, Índia (Duggal et al., 2013) são inferiores aos valores investigados no presente estudo.

Os habitantes dos distritos de Jodhpur, Nagaur, Bikaner e Jhunjhunu, no Rajastão, como se mostra no quadro 3.2, receberam a dose efectiva anual (AED) (medida em mSv y⁻¹) devido à exposição à concentração de rádon em recintos fechados, que varia de 2,68 a 3,68, 2,54 a 4,42, 2,38 a 4,15 e 2,85 a 5,94, com o valor médio de 3,15, 3,25, 3,15 e 3,75, respetivamente. O DEA médio (medido em mSv y⁻¹) devido à exposição ao rádon em recintos fechados para toda a região investigada varia entre 2,38 e 5,94, com o valor médio de 3,09.

A DEA (medida em mSv y⁻¹) devida à exposição à concentração de tóron em recintos fechados recebida pelos habitantes dos distritos de Jodhpur, Nagaur, Bikaner e Jhunjhunu, no Rajastão, como se mostra no quadro 3.2, varia entre 0,14 e 0,77, 0,27 e 0,90, 0,22 e 0,78 e 0,26 e 0,89, com o valor médio de 0,49, 0,56, 0,46 e 0,53, respetivamente. Devido à exposição ao tóron em recintos fechados, o DEA médio (medido em mSv y^{-1}) varia de 0,14 a 0,78, com o valor de 0,51 em média para toda a área investigada.

O total de DEA (medido em mSv y^{-1}) devido à concentração de rádon e tórax, como se mostra no quadro 3.2 para os distritos de Jodhpur, Nagaur, Bikaner e Jhunjhunu do Rajastão, varia de 3,10 a 4,13, 2,81 a 4,88, 2,84 a 4,92 e 3,11 a 6,54 com o valor médio de 3,64, 3,81, 3,61 e 4,29, respetivamente. Devido à exposição ao rádon e ao tóron em recintos fechados, a média das DEA para toda a região investigada varia entre 2,81 e 6,54 mSv y^{-1} com o valor de 3,83 mSv y^{-1} em média (figura 3.10). A média total de DEA recebida pelos residentes de todas as habitações é inferior ou situa-se dentro do limite de ação 3-10 mSv y^{-1} , tal como aprovado pelo ICRP, 1993.

3.3.2 Análise dos níveis de rádon e thoron no ar interior por Utilização do RAD7 (Técnica ativa)

As observações dos níveis de rádon e tórax no interior foram efectuadas em 40 casas de diferentes localidades dos distritos de Jodhpur, Nagaur, Bikaner e Jhunjhunu, no norte do Rajastão, Índia, pelo RAD7 e estão tabuladas no quadro 3.5.

Os níveis de rádon e tórax (medidos em Bq m^{-3}) para o distrito de Jodhpur variam de 8,75 a 43,75 e de 16,35 a 130,7 com o valor médio de 30,00 e 73,58, para Nagaur variam de 8,75 a 61,25 e de 32,7 a 130,7 com o valor médio de 34.12 e 72,67, para Bikaner varia de 8,75 a 84 e de 16,35 a 147,2 com o valor médio de 29,4 e 57,91 e para Jhunjhunu varia de 8,75 a 43,75 e de 16,35 a 180 com o valor médio de 21,05 e 80,14, respetivamente, como indicado no quadro 3.5. O valor médio dos níveis de rádon e tóron no ar interior para toda a região investigada varia de 8,75 a 84 Bq m^{-3} e de 16,35 a 180 Bq m^{-3} com o valor médio de 28,64 e 71,06 Bq m^{-3} , respetivamente (figura 3.11).

A concentração de rádon no ar interior está dentro dos limites de segurança para os seres humanos, tal como recomendado por diferentes agências de proteção ambiental. A EPA (Agência de Proteção Ambiental) recomendou como limite seguro 148 Bq m^{-3} de rádon no ar interior (2004). A concentração de rádon no interior de todas as habitações foi encontrada dentro do limite de segurança recomendado pela EPA. A partir da tabela 3.5, observou-se que o rádon no ar interior de todas as habitações é inferior ao nível de ação aprovado pelo ICRP, 2009.

O quadro 3.5 mostra claramente que o rádon no ar interior é menor em habitações bem ventiladas e maior em habitações mal ventiladas. No presente inquérito, as más ventilações são classificadas como uma divisão com apenas uma porta e as boas ventilações são 3 portas e 2 ventilações numa divisão.

Os níveis de rádon no interior das habitações são largamente afectados pelos diferentes materiais utilizados na construção. No presente estudo, todas as habitações são classificadas de acordo com o tipo de material de construção, nomeadamente: A1, A2, A3 e A4, como mostra a tabela 3.5. Na nossa investigação atual, a concentração mais elevada de rádon foi encontrada nas habitações de Shri Dungargarh, distrito de Biakner, que têm apenas uma porta, o telhado é feito de pedra, a parede é feita de tijolo e, mais importante, o chão é feito de lama. O nível mais baixo de rádon é encontrado nas habitações de Ossian, Basni (Jodhpur), Didwana, Deshnok, Badagav e Dhandhuri que têm 3 portas e 2 ventiladores, o chão é feito de mármore, o telhado é feito de pedra e a parede é feita de tijolos. Assim, foi encontrada uma concentração de rádon mais elevada nas habitações de barro (A4) do que nas habitações de mármore (A1).

A DEA (medida em mSv y^{-1}) devido à exposição à concentração de rádon em recintos fechados recebida pelos habitantes dos distritos de Jodhpur, Nagaur, Bikaner e Jhunjhunu, no Rajastão, varia entre 0,22 e 1,39, 0,22 e 1,54, 0,22 e 2,12 e 0,22 e 1,10, com o valor médio de 0,76, 0,86, 0,74 e 0,53, respetivamente, conforme indicado no quadro 3.5. Devido à exposição ao rádon em recintos fechados, o DEA (medido em mSv y^{-1}) varia de 0,22 a 2,12 com o valor de 0,72 em média para toda a área investigada, como se mostra na tabela 3.5.

O DEA (medido em mSv y^{-1}) devido à exposição à concentração de tóron em recintos fechados recebida pelos habitantes dos distritos de Jodhpur, Nagaur, Bikaner e Jhunjhunu, no Rajastão, varia entre 0,09 e 0,82, 0,18 e 0,73, 0,09 e 0,82 e 0,09 e 1,01, com o valor médio de 0,41, 0,41, 0,32 e 0,45, respetivamente, como se indica no quadro 3.5. Devido à exposição ao tóron, o DEA (medido em mSv y^{-1}) nas casas de toda a região investigada varia entre 0,09 e 1,01, com o valor médio de 0,40, como se mostra na tabela 3.5.

O total de DEA (medido em mSv y^{-1}) devido à concentração de rádon e tórax, como se mostra no quadro 3.5, para os distritos de Jodhpur, Nagaur, Bikaner e Jhunjhunu, no Rajastão, varia entre 0,59 e 2,15, 0,50 e 2,28, 0,53 e 2,70 e 0,50 e 2,11, com o valor médio de 1,17, 1,27, 1,07 e 0,98, respetivamente. Devido à exposição ao rádon e ao tóron em recintos fechados, a DDA total (medida em mSv y^{-1}) para toda a região investigada varia entre 0,50 e 2,70, com o valor médio de 1,12. O total de DEA recebido pelos residentes de todas as habitações é inferior ao limite de ação de 3-10 mSv y^{-1} , tal como aprovado pelo ICRP, 1993.

3.3.3 Comparação entre a técnica passiva e a técnica ativa

No presente inquérito, os níveis de rádon e de tórax no interior foram medidos de forma ativa (medição a longo prazo) e passiva (medição a curto prazo). Foi feita uma comparação entre as duas técnicas para as medições dos níveis de rádon e tórax no interior. Na presente investigação, a técnica passiva é muito mais precisa do que a técnica ativa para a avaliação do rádon e do tórax. Isto deve-se ao facto de a técnica passiva incluir todos os factores dos quais dependem os níveis de rádon e de tórax, como as condições de ventilação, os materiais de construção, a variação sazonal, etc. Mas a técnica ativa fornece imediatamente os níveis de rádon e de tórax no interior. A técnica ativa não tem em conta os parâmetros que influenciam os níveis de rádon e de tórax. Por conseguinte, a técnica passiva (avaliação a longo prazo) é muito mais adequada do que a técnica ativa (avaliação a curto prazo) para a avaliação dos níveis de rádon e de tórax no interior dos edifícios.

3.4 CONCLUSÃO

A concentração de rádon e tórax no interior das habitações variou em função das condições de ventilação e dos materiais de construção. Devido às más condições de ventilação, no inverno, a concentração de rádon no interior de mais de 50% das habitações foi observada mais elevada ou dentro do nível de ação recomendado pelo ICRP, ao passo que no verão era inferior ao limite de ação. O nível de rádon no interior era igualmente mais elevado nas habitações constituídas por lama. O rácio entre a concentração de rádon no inverno e no verão mostrou uma grande variação em Sherguarh, o que pode ser devido ao efeito das condições geológicas. Um estudo comparativo mostra que o valor médio do rácio entre o inverno e o verão no presente estudo é mais elevado do que o referido na literatura. Os resultados obtidos da dose efectiva anual total devida à concentração interior de rádon e tóron são inferiores ao limite inferior ou situam-se dentro do limite do nível de ação, tal como recomendado pelo ICRP. Após a comparação entre as técnicas ativa e passiva, verificou-se que a técnica passiva (medição a longo prazo) é muito mais adequada do que a técnica ativa (medição a curto prazo) para a medição da concentração de rádon e tóron no interior.

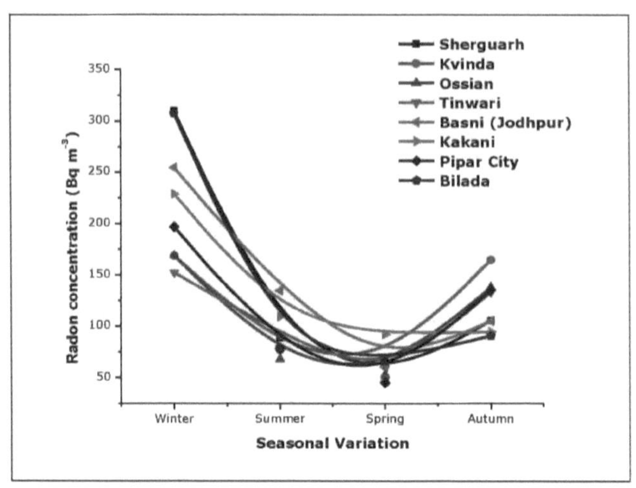

FIGURA 3.2: Variação da concentração de rádon com as diferentes estações do ano no distrito de Jodhpur.

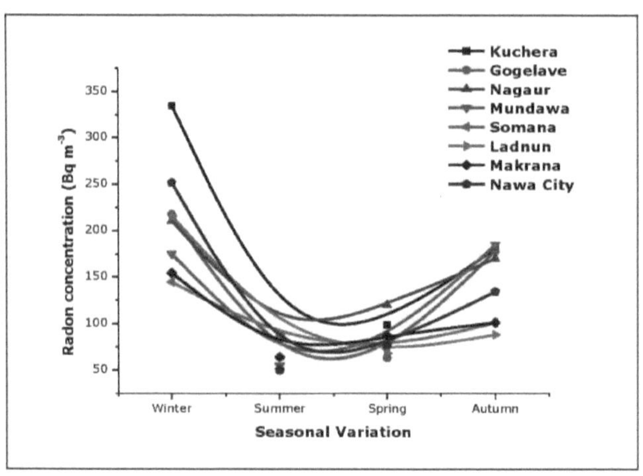

FIGURA 3.3: Variação da concentração de rádon nas diferentes estações do ano no distrito de Nagaur.

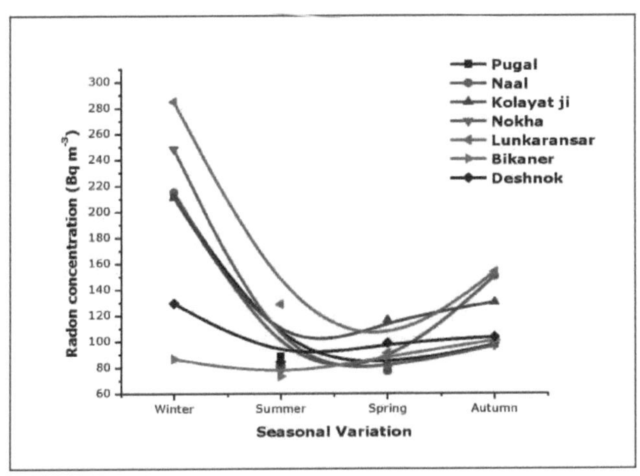

FIGURA 3.4: Variação da concentração de rádon com as diferentes estações do ano no distrito de Bikaner.

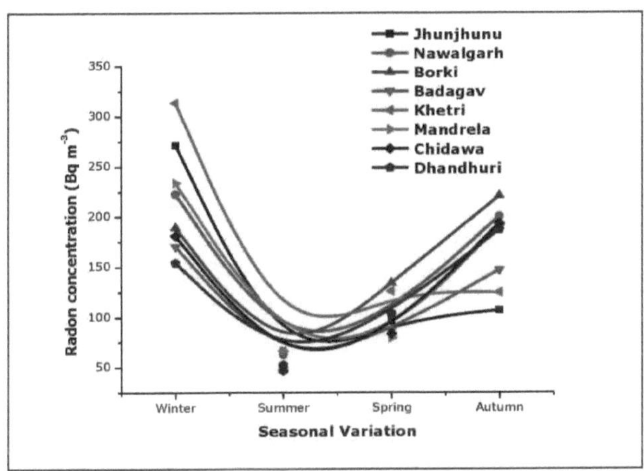

FIGURA 3.5: Variação da concentração de rádon com as diferentes estações do ano no distrito de Jhunjhunu

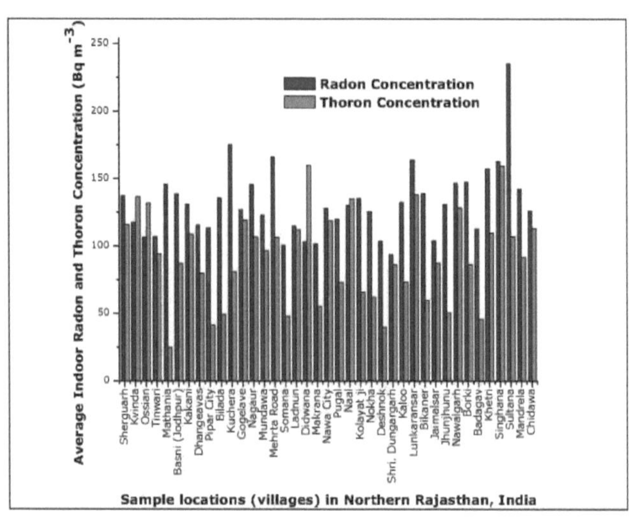

FIGURA 3.6:   Variação sazonal das concentrações médias de rádon e thoron no interior da área estudada.

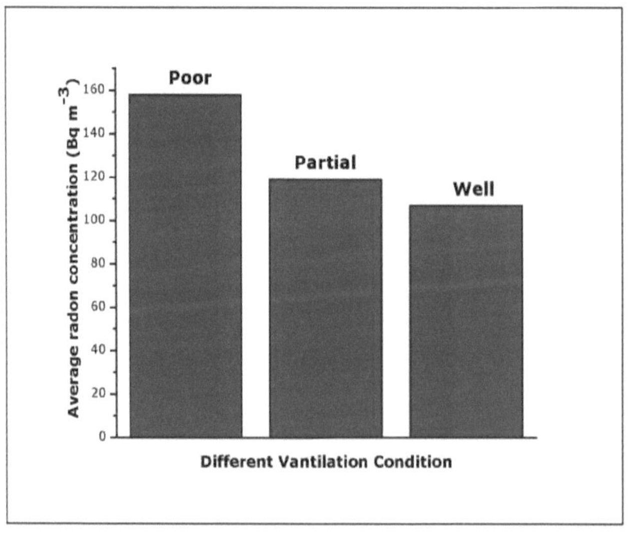

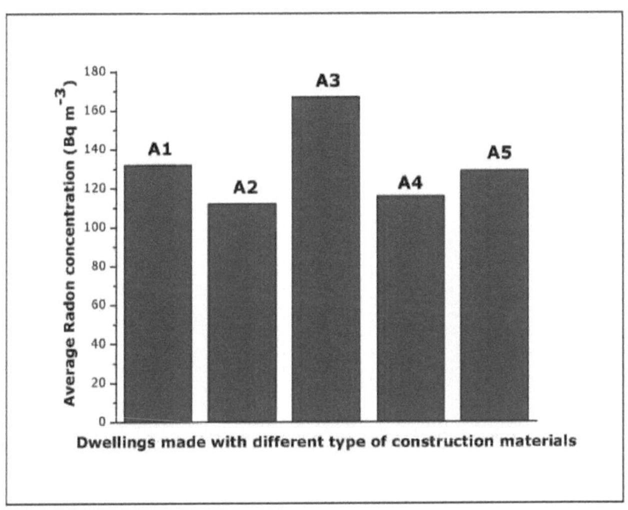

FIGURA 3.8:   Variação da concentração de radão com os diferentes
tipos de materiais de construção.

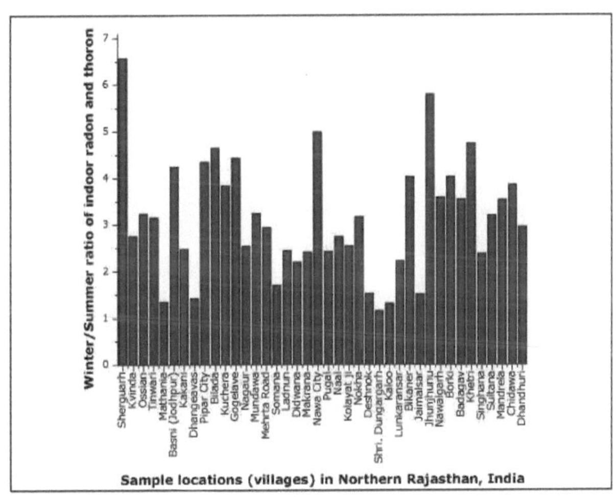

FIGURA 3.9: Variação da concentração de radão no inverno/verão em

diferentes locais de amostragem.

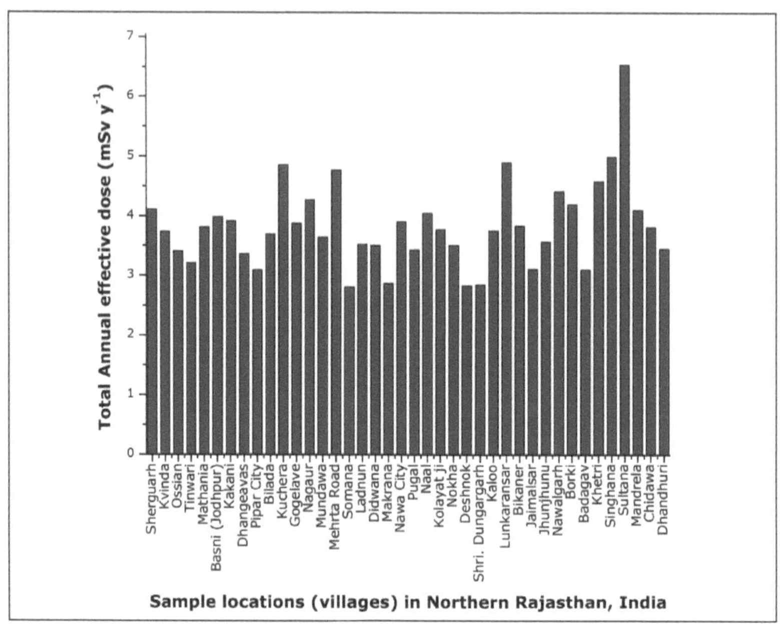

FIGURA 3.10: A dose efectiva anual total devido à variação sazonal das concentrações de rádon e tórax no interior dos edifícios estudados área.

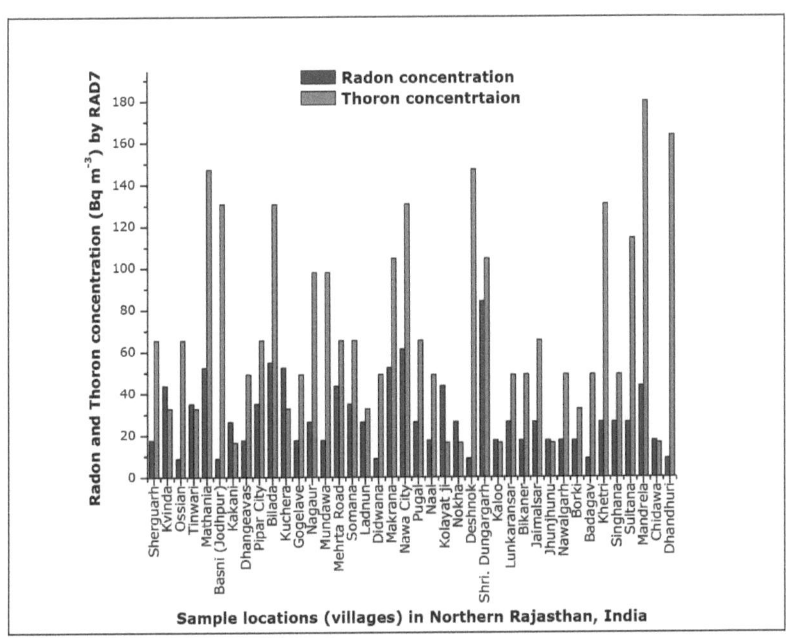

FIGURA 3.11: Concentrações de rádon e tórax no interior da área estudada por RAD7.

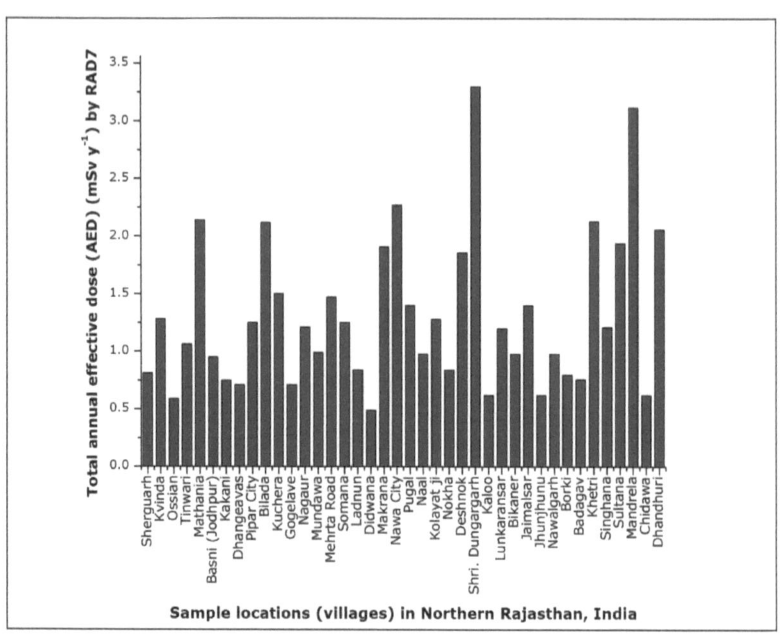

FIGURA 3.12: Dose efectiva anual total devida à concentração interior de rádon e tóron por RAD7.

Tabela 3.1. Variação sazonal da concentração da atividade do rádon e do thoron no interior dos edifícios

Sr. No	Sample Location	Winter Season		Spring Season		Summer Season		Autumn Season	
		Indoor Radon Conc. (Bq m^{-3})	Indoor Thoron Conc. (Bq m^{-3})	Indoor Radon Conc. (Bq m^{-3})	Indoor Thoron Conc. (Bq m^{-3})	Indoor Radon Conc. (Bq m^{-3})	Indoor Thoron Conc. (Bq m^{-3})	Indoor Radon Conc. (Bq m^{-3})	Indoor Thoron Conc. (Bq m^{-3})
	Jodhpur								
1	Sherguarh	309±19	55±14	88±13	87±16	47±17	155±20	105±12	166 ±20
2	Kvinda	168±18	**418±21**	77±12	22±8	61±18	18±8	164±20	88 ±16
3	Ossian	168±19	251±16	67±13	70±9	52±15	82±17	137±18	123 ±14
4	Tinwari	152±17	66±14	92±14	141±17	48±14	97±16	133±16	72 ±8
5	Mathania	161±17	26±15	118±12	7±3	120±12	37±7	182±18	30 ±6
6	Basni (Jodhpur)	254±10	171±10	134±12	52±13	60±13	77±8	105±7	48 ±7
7	Kakani	228±16	317±14	109±18	95±17	92±16	**12±7**	94±9	11 ±6
8	Dhangeavas	125±15	48±13	115±17	23±2	88±16	57±7	133±10	191 ±7
9	Pipar City	196±18	31±12	77±15	45±15	**45±11**	21±5	135±9	68 ±7
10	Bilada	307±12	122±18	79±15	24±7	66±12	13±7	90±9	37±8
	Nagaur								
11	Kuchera	**334±13**	61±14	98±17	68±16	87±12	81±17	181±19	114±16
12	Gogelave	217±10	266±12	**63±17**	85±17	49±11	90±18	178±26	36±9
13	Nagaur	210±11	178±18	120±11	86±17	83±14	**140±20**	169±27	22±7
14	Mundawa	175±19	82±12	78±16	70±16	54±15	94±19	184±24	140±17
15	Mehrta Road	182±18	130±18	187±11	33±13	62±18	91±19	232±28	171±22
16	Somana	144±17	46±12	73±16	28±12	84±15	75±13	101±10	43±9
17	Ladnun	215±10	215±12	68±15	118±11	88±18	58±15	88±9	58±7
18	Didwana	120±17	78±16	84±14	67±17	55±11	86±16	154±21	**408±29**
19	Makrana	154±17	75±17	87±17	57±17	64±15	52±14	101±16	37±6
20	Nawa City	251±12	264±11	77±12	74±17	50±11	103±18	134±17	35±6
	Bikaner								
21	Pugal	213±11	84±19	81±16	27±3	88±16	127±21	97±13	54±11
22	Naal	215±10	311±12	77±16	134±33	78±15	52±11	150±16	42±10
23	Kolayat ji	211±11	133±18	116±15	47±3	83±16	63±11	130±13	20±5
24	Nokha	248±12	164±13	79±16	33±2	78±13	41±12	96±13	10±6
25	Deshnok	129±18	30±12	98±16	4±3	84±17	73±16	103±12	51±3
26	Shri. Dungargarh	**109±17**	243±10	81±10	13±2	94±18	15±9	91±10	73±9
27	Kaloo	167±19	116±13	140±15	46±14	127±19	45±11	95±12	86±16
28	Lunkaransar	284±10	206±12	90±18	7±2	**128±19**	33±11	153±21	307±22
29	Bikaner	294±15	86±12	88±15	32±8	73±14	86±17	100±19	35±7
30	Jaimalsar	135±17	125±14	116±17	68±16	90±13	68±12	**74±9**	88±6
	Jhunjhunju								
31	Jhunjhunu	271±10	**26±14**	96±17	95±19	47±11	54±9	107±21	27±11
32	Nawalgarh	222±11	280±14	102±17	153±12	62±12	24±9	200±19	56±14
33	Borki	189±19	207±13	133±18	46±13	47±11	64±11	220±21	27±10
34	Badagav	170±18	50±16	86±17	**3±2**	48±11	36±11	147±18	94±10
35	Khetri	313±12	144±17	126±19	91±18	66±11	52±12	124±11	152±12
36	Singhana	192±11	227±15	179±17	**326±22**	81±17	22±2	198±19	62±9
37	Sultana	294±13	222±13	**255±21**	8±3	92±18	61±6	**300±21**	137±17
38	Mandrela	233±12	268±12	79±17	63±15	66±12	16±7	191±21	18±7
39	Chidawa	181±19	105±19	83±17	277±16	47±12	17±8	193±20	54±8
40	Dhandhuri	154±18	205±12	103±18	6±2	52±12	12±6	186±20	**6±4**
	Range	109±17 - 334±13	26±14 - 418±21	63±17 - 255±21	3±2 - 326±22	45±11 - 128±19	12±6 - 140±20	74±9 - 300±21	6±4 - 408±29
	Average	207	153	103	68	72	60	144	82

Tabela 3.2. Valor médio da concentração de rádon e tórax, materiais de construção, condições de ventilação, rácio inverno/verão e a dose efectiva anual correspondente nos locais estudados.

Sr. No	Sample Location	CR (Bq m^{-3})	CT (Bq m^{-3})	W/S	Type of building material	V.C	Annual Effective Dose due to Radon (mSv y^{-1})	Annual Effective Dose due to Thoron (mSv y^{-1})	Total Annual Effective Dose (mSv y^{-1})
	Jodhpur								
1	Sherguarh	137.25	115.76	**6.57**	A1	Poor	3.46	0.65	4.11
2	Kvinda	117.53	136.56	2.75	A4	Partial	2.96	0.76	3.73
3	Ossian	106.24	131.67	3.23	A4	Well	2.68	0.74	3.41
4	Tinwari	106.54	94.09	3.15	A1	Well	2.68	0.53	3.21
5	Mathania	145.58	**25.01**	1.34	A1	Poor	3.67	**0.14**	3.81
6	Basni (Jodhpur)	138.53	87.09	4.24	A5	Poor	3.49	0.49	3.98
7	Kakani	130.83	108.83	2.47	A1	Partial	3.30	0.61	3.91
8	Dhangeavas	115.52	79.86	1.42	A5	Well	2.91	0.45	3.36
9	Pipar City	113.35	41.31	4.35	A2	Well	2.86	0.23	3.09
10	Bilada	135.57	49.14	4.65	A5	Partial	3.42	0.28	3.69
	Nagaur								
11	Kuchera	175.01	81.06	3.84	A3	Poor	4.41	0.45	4.86
12	Gogelave	126.96	119.25	4.43	A4	Partial	3.20	0.67	3.87
13	Nagaur	145.68	106.56	2.54	A5	Poor	3.67	0.60	4.27
14	Mundawa	122.90	96.56	3.24	A5	Partial	3.10	0.54	3.64
15	Mehrta Road	165.84	106.39	2.94	A3	Poor	4.18	0.60	4.77
16	Somana	100.71	48.09	1.71	A2	Well	2.54	0.27	**2.81**
17	Ladnun	114.87	112.26	2.44	A1	Partial	2.89	0.63	3.52
18	Didwana	103.32	159.76	2.19	A2	Well	2.60	0.89	3.50
19	Makrana	101.65	55.31	2.41	A4	Well	2.56	0.31	2.87
20	Nawa City	128.11	119.09	4.99	A2	Well	3.23	0.67	3.90
	Bikaner							0.00	0.00
21	Pugal	119.88	73.01	2.42	A5	Partial	3.02	0.41	3.43
22	Naal	130.23	134.89	2.74	A3	Partial	3.28	0.76	4.04
23	Kolayat ji	135.13	65.92	2.54	A1	Partial	3.41	0.37	3.77
24	Nokha	125.47	62.11	3.17	A2	Partial	3.16	0.35	3.51
25	Deshnok	103.75	39.61	1.53	A4	Well	2.61	0.22	2.84
26	Shri Dungargarh	**93.75**	86.25	**1.16**	A2	Well	**2.36**	0.48	2.85
27	Kaloo	132.55	73.26	1.31	A5	Partial	3.34	0.41	3.75
28	Lunkaransar	163.75	138.34	2.22	A3	Poor	4.13	0.77	4.90
29	Bikaner	138.89	59.81	4.02	A1	Partial	3.50	0.33	3.83
30	Jaimalsar	103.84	87.26	1.50	A5	Well	2.62	0.49	3.11

Contd....

Sr. No	Sample Location	CR (Bq m^{-3})	CT (Bq m^{-3})	W/S	Type of building material	V.C	Annual Effective Dose due to Radon (mSv y^{-1})	Annual Effective Dose due to Thoron (mSv y^{-1})	Total Annual Effective Dose (mSv y^{-1})
	Jhunjhunju								
31	Jhunjhunu	130.56	50.51	5.78	A4	Poor	3.29	0.28	3.57
32	Nawalgarh	146.50	128.34	3.58	A1	Poor	3.69	0.72	4.41
33	Borki	147.25	86.01	4.02	A5	Poor	3.71	0.48	4.19
34	Badagav	112.77	45.84	3.54	A2	Partial	2.84	0.26	3.10
35	Khetri	157.29	109.89	4.74	A3	Poor	3.96	0.62	4.58
36	Singhana	162.52	**159.37**	2.37	A3	Poor	4.10	**0.89**	4.99
37	Sultana	**235.28**	107.09	3.20	A3	Poor	**5.93**	0.60	**6.53**
38	Mandrela	142.25	91.34	3.53	A3	Partial	3.58	0.51	4.10
39	Chidawa	126.14	113.26	3.85	A5	Partial	3.18	0.63	3.81
40	Dhandhuri	124.12	57.31	2.95	A4	Partial	3.13	0.32	3.45
	Range	93.75-235.28	25.01-159.76	1.16 - 6.57			2.36-5.93	0.14-0.89	2.81-6.53
	Average	131.60	91.08	3.13			3.32	0.51	3.83

A1 (Pavimento: Cimentado, Telhado: Pedra + Cimentado, Parede: Pedra), A2 (Pavimento: Mármore, Telhado: Tijolo + Cimentado, Parede: Pedra), A3 (Pavimento: Barro, Telhado: Tijolo + Barro, Parede: Pedra), A4(Pavimento: Cimentado, Telhado: Estanho, Parede: Tijolo) e A5 (Pavimento: Telha cerâmica, Telhado: Pedra + Cimentado, Parede: Pedra)

Tabela 3.3.   Comparação do nível de rádon no ar interior sob investigação com os de outros países.

Region	Indoor radon level in air (Bq m^{-3})	Reference
Jodhpur, Nagaur, Bikaner and Jhunjhunnu Districts of Rajasthan	**93.75-235.28**	**Present Work**
Malwa Region, Punjab	54-168	Mehra et at. (2006)
Northern Haryana	66-104	Chauhan et at. (2010)
Srivaikuntam, Tamilnadu	30-287	Kumar et al. (2007a)
Thankassey, Kerala	44.3-373.3	Kumar et al. (2007b)
Kulu, Himachal Pradesh	156.11-635.42	Singh et al. (2001)
Garhwal Himalaya	13-178	Gusain et al. (2009)
Some districts of Northern Rajasthan	43-338	Duggal et al. (2012)

Quadro 3.4.   Comparação do rácio entre o inverno e o verão do

nível de rádon

no ar interior objeto de

investigação com os de outras regiões da

Índia.

Region	Winter/summer ratio of indoor radon level	Reference
Jodhpur and Nagaur Districts of Rajasthan	**3.24**	**Present Work**
Muktsar, Ferozepur district, Punjab	1.40	Singh et al. (2005b)
Malwa region, Punjab	1.46	Singh et al. (2005a)
Western Haryana, India	1.52	Kansal et al. (2012)
Kullu area, Himachal Pradesh	1.54	Singh et al. (2001)
Tehri Garhwal, Northern India	1.16	Kandari et al. (2009)
Sikar and Churu districts of Northern Rajasthan, India	1.52	Duggal et al. (2013)

Tabela 3.5. Concentração de rádon e tórax nas habitações com

detetor RAD7

e os DEA associados.

Sr. No.	Sample Location (Village)	^{222}R @onc. (Bq m^{-3})	^{220}R @onc. (Bq m^{-3})	Ventilation Condition	Types of dwellings	Annual Effective Dose due to Radon (mSv y^{-1})	Annual Effective Dose due to Thoron (mSv y^{-1})	Total Annual Effective Dose (mSv y^{-1})
	Jodhpur							
1	Sherguarh	17.5	65.45	Well	A3	0.44	0.37	0.81
2	Kvinda	43.75	32.7	Poorly	A4	1.1	0.18	1.28
3	Ossian	8.75	65.5	Well	A1	0.22	0.37	0.59
4	Tinwari	35	32.7	Partial	A4	0.88	0.18	1.06
5	Mathania	52.5	147.2	Poorly	A4	1.32	0.82	2.14
6	Basni (Jodhpur)	8.75	130.7	Well	A1	0.22	0.73	0.95
7	Kakani	26.25	16.35	Partial	A3	0.66	0.09	0.75
8	Dhangeavas	17.5	49.1	Well	A2	0.44	0.27	0.71
9	Pipar City	35	65.45	Partial	A4	0.88	0.37	1.25
10	Bilada	55	130.7	Poorly	A4	1.39	0.73	2.12
	Nagaur							
11	Kuchera	52.5	32.75	Poorly	A4	1.32	0.18	1.50
12	Gogelave	17.5	49.1	Well	A2	0.44	0.27	0.71
13	Nagaur	26.25	98	Partial	A3	0.66	0.55	1.21
14	Mundawa	17.5	98	Well	A2	0.44	0.55	0.99

Contd....

Sr. No.	Sample Location (Village)	^{222}Rn Conc. (Bq m^{-3})	^{220}Rn Conc. (Bq m^{-3})	Ventilation Condition	Types of dwellings	Annual Effective Dose due to Radon (mSv y^{-1})	Annual Effective Dose due to Thoron (mSv y^{-1})	Total Annual Effective Dose (mSv y^{-1})
15	Mehrta Road	43.75	65.5	Poorly	A4	1.1	0.37	1.47
16	Somana	35	65.5	Partial	A4	0.88	0.37	1.25
17	Ladnun	26.25	32.7	Partial	A3	0.66	0.18	0.84
18	Didwana	8.75	49.1	Well	A1	0.22	0.27	0.49
19	Makrana	52.5	104.76	Poorly	A4	1.32	0.59	1.91
20	Nawa City	61.25	130.7	Poorly	A4	1.54	0.73	2.27
	Bikaner							
21	Pugal	26.25	65.45	Poor	A2	1.03	0.37	1.40
22	Naal	17.5	49.05	Well	A3	0.71	0.27	0.98
23	Kolayat ji	43.75	16.35	Poor	A4	1.19	0.09	1.28
24	Nokha	26.25	16.35	Partial	A3	0.75	0.09	0.84
25	Deshnok	8.75	147.2	Well	A1	1.04	0.82	1.86
26	Shri. Dungargarh	84	104.76	Poor	A4	2.71	0.59	3.30
27	Kaloo	17.5	16.35	Well	A2	0.53	0.09	0.62
28	Lunkaransar	26.25	49.05	Partial	A3	0.93	0.27	1.20
29	Bikaner	17.5	49.1	Partial	A1	0.71	0.27	0.98
30	Jaimalsar	26.25	65.45	Partial	A3	1.03	0.37	1.40
	Jhunjhunju							
31	Jhunjhunu	17.5	16.35	Well	A2	0.09	0.62	0.62
32	Nawalgarh	17.5	49.1	Partial	A1	0.27	0.98	0.98
33	Borki	17.5	32.7	Partial	A1	0.18	0.80	0.80
34	Badagav	8.75	49.1	Well	A1	0.27	0.76	0.76
35	Khetri	26.5	130.7	Partial	A3	0.73	2.13	2.13
36	Singhana	26.5	49.1	Partial	A3	0.27	1.21	1.21
37	Sultana	26.25	114.35	Poor	A2	0.64	1.94	1.94
38	Mandrela	43.75	180	Poor	A4	1.01	3.12	3.12
39	Chidawa	17.5	16.35	Well	A2	0.09	0.62	0.62
40	Dhandhuri	8.75	163.7	Well	A1	0.92	2.06	2.06
	Range	8.75 – 84	16.35 - 180			0.22-2.12	0.09-0.40	0.50 - 2.70
	Average	28.64	71.06			0.78	0.64	1.31

A1: Pavimento: Mármore, Telhado: Pedra, Parede: Tijolo; A2: Pavimento: Cimentado + Tijolo, Teto: Pedra, Parede: Tijolo; A3: Pavimento: Pedra, Telhado: Pedra, Parede: Tijolo; A4: Chão: Lama, Telhado: Pedra, Parede: Tijolo

AVALIAÇÃO DO URÂNIO E DOS METAIS PESADOS EM CORRELAÇÃO COM AS PROPRIEDADES FÍSICO-QUÍMICAS DAS AMOSTRAS DE ÁGUA SUBTERRÂNEA

4.1 INTRODUÇÃO

Como todos sabemos, a água potável deve estar isenta de substâncias químicas nocivas. [th] Mas devido ao rápido crescimento industrial no século XX, a água subterrânea foi contaminada pela adição de substâncias tóxicas. Em resultado disso, não é adequada para beber e tem efeitos adversos na saúde dos habitantes. Vários estudos mostraram que os principais contaminantes presentes nas águas subterrâneas dos estados indianos são a salinidade, o flúor, os nitratos, o arsénico e os metais pesados (Kumar Garg et al., 2013; Arif et al., 2013).

Entre os metais pesados, o urânio está presente em toda a crosta terrestre com uma abundância média de 1,8 mg kg^{-1} (Mason et al., 1982). Consequentemente, a presença de urânio no ambiente deve-se à lixiviação de depósitos naturais, à libertação em resíduos de moagem, às emissões da indústria nuclear, à combustão de carvão e outros combustíveis e à utilização de fertilizantes fosfatados que contêm urânio até uma concentração de 150 ц g g^{-1} e contribuem para a poluição das águas subterrâneas (Dreeson et al. 1982; Cothern et al., 1983; Tadmor 1986; Spalding et al., 1972). A ingestão de urânio natural pelos seres humanos faz-se principalmente através dos alimentos e da água. Os alimentos contribuem para cerca de 15%, enquanto a água potável contribui para quase 85% do total de urânio ingerido (Singh et al., 2013).

Valores elevados de urânio presentes na água potável podem provocar efeitos biológicos nocivos nos seres humanos. A toxicidade radiológica do urânio ou dos seus produtos de decaimento nas águas subterrâneas pode causar cancro dos ossos (Petersen et al., 1966), cancro do sangue (Collman et al., 1991; Lyman et al., 1985; O'Brien et al, 1987), cancro da bexiga (Bean et al., 1982), cancro do pulmão (Bean et al., 1982; Hess et al., 1983), cancro da mama (Blaurock-Busch et al., 2014; Bean et al., 1982), ou danos no sistema reprodutor (Hess et al., 1983). Para além dos seus efeitos radiológicos deletérios, o urânio também afecta a saúde humana devido às suas propriedades químicas (Tahir et al., 2009). A toxicidade química do urânio natural é um grande perigo para os rins. Uma exposição de cerca de 0,1 mg kg^{-1} de peso corporal de urânio natural solúvel resulta em danos químicos transitórios nos rins (Lussenhop et al., 1958).

A análise de metais pesados tóxicos (Zn, As, Cu, Cd e Pb) no ambiente, nomeadamente nas águas naturais, é também muito importante. A água destinada ao consumo humano deve estar isenta de organismos nocivos e de concentrações de substâncias químicas que possam ser perigosas para a saúde. A toxicidade do zinco pode ocorrer tanto de forma aguda como crónica. Os efeitos agudos para a saúde de uma ingestão elevada de zinco incluem vómitos, náuseas, cólicas abdominais, perda de apetite, dores de cabeça e diarreia (Institute of Medicine, Food and nutrition body, 2001). A exposição crónica ao arsénio na água potável pode causar cancro nos rins, bexiga, pulmões e pele. A OMS afirma que existe uma probabilidade de 6 pessoas em 10000 apresentarem um risco de cancro da pele ao longo da vida devido à exposição ao arsénio de 0,01 mg l^{-1} e recomenda que esse risco seja aceitável (OMS, 2000). Uma ingestão elevada de cobre pode causar danos nos tecidos, náuseas, problemas de estômago e diarreia. A concentração de cobre ingerida por uma grande parte da população é inferior aos níveis sugeridos, de acordo com o relatório do Instituto de Medicina dos EUA (2001). O cádmio (Cd) é um poluente industrial e ambiental extremamente tóxico, classificado como carcinogéneo para o ser humano (IARC, 1993). O envenenamento imediato e os danos nos rins e no fígado ocorrem devido à ingestão de grandes quantidades de cádmio (Osha. gov., 2013). Aguda

A exposição ao chumbo provoca obstipação, náuseas, dores abdominais, diarreia, fraqueza muscular e vómitos (Brunton et al., 2007). Os sistemas neurológico, gastrointestinal e neuromuscular são três sistemas múltiplos que são afectados devido ao envenenamento crónico por chumbo (Pearce et al., 2007). O sistema neuromuscular e o sistema nervoso central são afectados devido a uma exposição intensa, ao passo que o sistema gastrointestinal é afetado geralmente por uma exposição prolongada (Brunton et al., 2007). A exposição crónica ao chumbo provoca depressão, perda de memória a curto prazo ou de concentração, náuseas, fadiga, dores abdominais, dores de cabeça, problemas de sono, estupor, anemia e fala arrastada (Patrick, et al., 2006).

Foram também medidas várias propriedades físico-químicas (TDS, CE e pH). O TDS indica a pureza da água. A CE indica a condutividade eléctrica da água e é a função direta do TDS. O valor do pH da água indica a natureza ácida e alcalina da água de acordo com a sua escala. Se o seu valor for inferior a 4, então o sabor da água é ácido e, caso contrário, alcalino se o valor do pH da água for superior a 8,5. O valor do pH da água pura é 7. Os valores elevados de TDS podem causar dores gastrointestinais, mas a sua utilização prolongada pode causar doenças cardíacas e pedras nos rins (Jain et al., 2003).

Observações anteriores revelaram que a concentração de urânio e metais pesados em amostras de água potável dos distritos de Hanumangarh, Sriganganagar, Churu e Sikar do Rajastão era superior ao limite permitido (Rani et al., 2013a). Geograficamente, Jodhpur, Nagaur, Bikaner e Jhunjhunu são distritos adjacentes às áreas acima referidas. Por conseguinte, o estudo sobre a medição da concentração de urânio e metais pesados nestes distritos adjacentes assume importância. Esse estudo será útil para determinar se a água dessas regiões limítrofes pode ser utilizada para fins de consumo sem representar qualquer perigo para a saúde. No entanto, a pesquisa bibliográfica mostra que não foi feita qualquer tentativa de medição da concentração de urânio e de metais pesados nos distritos de Jodhpur, Nagaur, Bikaner e Jhunjhunu. Neste contexto, o presente estudo foi realizado para investigar sistematicamente a concentração de urânio e de metais pesados em amostras de águas subterrâneas e avaliar as doses efectivas anuais e os riscos radiológicos e químicos para os habitantes devido à ingestão de urânio através da ingestão de águas subterrâneas do Norte do Rajastão, na Índia. Foi encontrada uma correlação entre a concentração de urânio, os metais pesados e os parâmetros físico-químicos das amostras de águas subterrâneas.

4.2 MATERIAIS E MÉTODOS

4.2.1 Recolha e preparação de amostras

Para medir a concentração de urânio, foram recolhidas amostras de água em 40 locais diferentes dos distritos de Jodhpur, Nagaur, Bikaner e Jhunjhunu do Rajastão, na Índia, de forma aleatória. As amostras foram colhidas em poços tubulares e bombas manuais. Os poços tubulares e as bombas manuais foram bombeados durante pelo menos 10 minutos antes de as amostras serem colhidas, de modo a obter água fresca. Em cada local, foram colhidos 100 ml de amostra de água, que foram depois filtrados com papel de filtro Whatman n.º 1.

4.2.2 Análise físico-química

Metade da água filtrada de cada amostra foi utilizada para análises físico-químicas, nomeadamente pH, condutância e sólidos totais dissolvidos (TDS), utilizando um medidor de bancada pH/EC, segundo procedimentos normalizados (ALPHA, 1985).

4.2.3 Análise ICP-MS

A fim de medir a concentração de urânio nas amostras de água, a restante metade das amostras de água de cada local foi acidificada com ácido nítrico a 3% (HNO3), de modo a medir a concentração de urânio nas amostras de água. A análise do urânio foi efectuada utilizando a técnica de espetroscopia de massa com plasma indutivamente acoplado (ICP-MS) (Perkin-Elmer Sciex Elan DRC II) no National Geophysical Research Institute (NGRI), Hyderabad, Índia (figura 4.1).

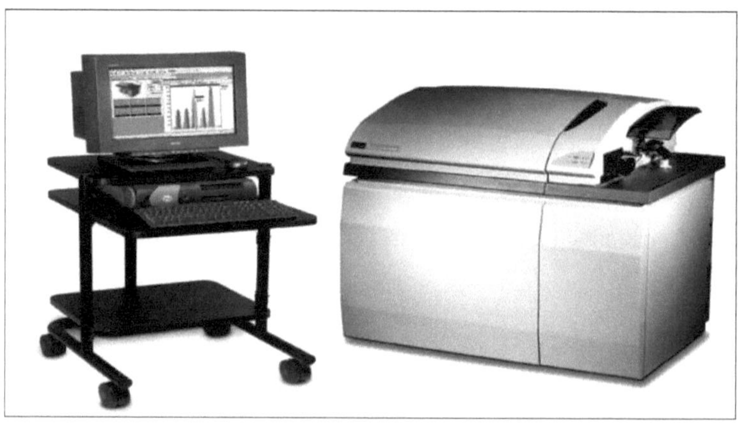

FIGURA 4.1: Espectrómetro de massa com plasma indutivamente acoplado
Nesta técnica, a análise química das amostras baseia-se no plasma indutivamente acoplado para produzir iões e na espetroscopia de massa para separar e detetar iões. Para a análise do urânio, foi utilizado o NIST 1640a (National Institute of Standards and Technology) como padrão de calibração e o material de referência NIST 1643e foi analisado por ICP-MS como amostras desconhecidas. ^{103}O Rh foi utilizado como material padrão interno para a determinação exacta do urânio em amostras de água. A técnica ICP-MS leva apenas 2 a 6 minutos para a análise de cada amostra e tem uma excelente

precisão de cerca de 5% de desvio padrão relativo (RSD).

4.3 RESULTADOS E DISCUSSÕES

4.3.1 Análise do urânio na água

Os valores medidos do teor de urânio em 40 amostras de águas subterrâneas recolhidas nos distritos de Jodhpur, Nagaur, Bikaner e Jhunjhunu, no Rajastão, Índia, são apresentados no quadro 4.1. Todas as amostras de água investigadas foram colhidas a profundidades específicas que variam entre 15 e 244 metros. O quadro 4.1 mostra claramente que os níveis de urânio (medidos em μ g l^{-1}) nas amostras de águas subterrâneas dos distritos de Jodhpur, Nagaur, Bikaner e Jhunjhunu, no norte do Rajastão, Índia, variam entre 2,37 (Basni, distrito de Jodhpur) e 90,29 (cidade de Pipar, distrito de Jodhpur), 15.18 (cidade de Nawa, distrito de Nagaur) a 166,89 (Didwana, distrito de Nagaur), 2,52 (Shri. Dungargarh, distrito de Bikaner) a 77,13 (Jaimalsar, distrito de Bikaner) e 0,89 (Borki, distrito de Jhunjhunu) a 139,74 (Mandrela, distrito de Jhunjhunu), respetivamente. Os valores médios calculados são, respetivamente, 18,51, 46,54, 25,47 e

4.3.2 gg l^{-1} . Os níveis de urânio nas amostras de águas subterrâneas para toda a área investigada variam de 0,89 (Borki, distrito de Jhunjhunu) a 166,89 ug l^{-1} (Didwana, distrito de Nagaur) com o valor médio de 31,72 ug l^{-1} (figura 4.2). O teor de urânio nas amostras de água foi observado mais alto para Didwana tehsil do distrito de Nagaur, enquanto que mais baixo para a aldeia de Borki do distrito de Jhunjhunu.

As organizações de proteção do ambiente e da saúde sugeriram diferentes limites admissíveis de teor de urânio nas águas subterrâneas para os habitantes. O ICRP (1979) e o UNSCEAR (2000) recomendaram que o limite admissível dos níveis de urânio na água é de 1,9 e 9 gg l⁻¹ , respetivamente. OMS, 2011 e USEPA, 2011 aprovaram 30 μg l⁻¹ concentração de urânio na água como o limite admissível. O nível de urânio em 30% das amostras de água estudadas é observado acima do limite permitido aprovado pela OMS, 2011 e USEPA, 2011. O Conselho Regulador da Energia Atómica da Índia, DAE (AERB, 2004) recomenda como limite admissível uma concentração de urânio de 60 gg l⁻¹ nas águas subterrâneas. Observou-se que a concentração de urânio nas amostras de águas subterrâneas do distrito de Jodhpur (cerca de 10%), do distrito de Nagaur (cerca de 20%), do distrito de Bikaner (cerca de 10%) e do distrito de Jhunjhunu (cerca de 20%) é superior ao limite máximo de contaminação (MCL) estabelecido pelo AERB, 2004. Verifica-se que 15% das amostras de água revelam um teor de urânio mais elevado do que o valor de referência de 60 ц g l⁻¹ . A Figura 4.3 mostra a percentagem de amostras de águas subterrâneas que apresentam uma concentração de urânio superior aos limites recomendados por várias agências. A Figura 4.4 mostra a variação da concentração de urânio nas águas subterrâneas com a profundidade. Há dois picos observados para a profundidade que varia de 25-50 m e 75-100 m. Não foi observada qualquer correlação da concentração de urânio com a profundidade.

Observa-se que alguns dos locais de amostragem apresentaram valores de urânio superiores ao limite admissível. Na região da presente investigação, a distribuição do urânio não é uniforme na água. Isto pode dever-se aos minerais que contêm urânio nas rochas hospedeiras, que contaminaram as águas subterrâneas. A concentração de urânio nas águas subterrâneas é elevada, talvez devido à influência das colinas de Aravalli, presentes nas proximidades da área investigada, que são compostas principalmente por quartzo, gnaisse, xisto, filito, cobre, xisto, veios de minério de ferro e mármore, etc. Além disso, estão em curso trabalhos de extração de granito vermelho na maioria dos locais de amostragem da região investigada, que está a libertar urânio. Por outro lado, a área investigada faz fronteira com os distritos de Churu, Sri Ganganagar, Sikar e Hanumangarh, onde o nível de urânio é bastante mais elevado (Rani et al., 2013a), o que tem grande influência na qualidade da água da área investigada.

A tabela 4.2 apresenta uma comparação do teor de urânio das amostras de água estudadas em diferentes locais. A partir da qual se pode ver claramente que o teor de urânio em amostras de águas subterrâneas observadas na Noruega (Bank et al., 1995) está em estreita concordância com o presente trabalho. No entanto, para a Suécia (Selden et al., 2009) e a Índia (Kolar) (Babu et al., 2008) a concentração de urânio é mais elevada, enquanto que para o Canadá (Ontário) (OMEE, 1996), EUA (Nova Iorque) (Fisenne et al, 1986), Turquia (Kumru, 1995), Alemanha (UNSCEAR, 2000), Índia (Bathinda (Singh et al., 1995), Hyderabad (Balbudhe et al., 2011) e Rajasthan (Rani et al., 2013a) a concentração de urânio é inferior aos valores registados no presente inquérito.

4.3.3 Avaliação da dose anual efectiva de radiação (DAE)

A DDA é calculada para a população adulta utilizando a seguinte expressão dada pelo UNSCEAR (2000):

$$D_w = C_w \times C_{Rw} \times Dc_w, \qquad\qquad (4.1)$$

Dw = equivalente a DEA do consumo de água (mSv y)$^{-1}$

Cw = concentração da atividade do urânio (Bq l)$^{-1}$

C_{Rw} = Taxa de consumo de água (l y^{-1}) (Taxa de consumo de água = 2 l d^{-1}) (OMS, 2004)

Dcw = fator de conversão da dose (4,5 x 10^{-5} mSv Bq^{-1}) (Rani et al., 2013a)

A concentração de atividade do urânio (medida em Bq l^{-1}) é derivada do fator de conversão, 0,02528 Bq l^{-1} = 1 pg l^{-1} urânio (Sahoo et al. 2010; Rani et al.,

2013b) e os resultados calculados são tabulados na tabela 4.4, que varia de 0,02 a 4,22 com o valor médio de 0,80.

O DEA calculado a partir de amostras de água é tabulado na tabela 4.4. A partir dela, pode-se ver claramente que a DEA (medida em µ Sv y^{-1}) varia de 0,66 (Borki, distrito de Jhunjhunu) a 138,63 y^{-1} (Didwana, Nagaur) com o valor médio de 26,28. O limite admissível de DEA recomendado pela OMS (2004) é de 100 pSv y^{-1}. A figura 4.2 mostra claramente que o valor calculado de DEA de todas as amostras de água recolhidas é inferior, mas em dois locais (DEA para Didwana, distrito de Nagaur =138,63 pSv y^{-1}, para Mandrela, distrito de Jhunjhunu = 115,96 pSv y^{-1}) este valor é superior ao limite máximo de contaminação aprovado pela OMS (2004). O valor mais elevado de DEA deve-se aos níveis muito elevados de urânio nas amostras de água recolhidas nestas regiões específicas.

A tabela 4.4 mostra uma comparação entre o DEA de diferentes locais do presente estudo e o relatado na literatura. Revela que a AED para os Estados de Punjab e H.P., Índia (Rani et al., 2006), Uttar Pradesh, Índia (Yadav et al., 2014), e Sul da Polónia (Jobbagy et al., 2009) é inferior, enquanto para o distrito de Mansa de Punjab, Índia (Kumar et al., 2011a) é superior aos valores comunicados no presente inquérito.

4.3.3 Avaliação dos riscos para a saúde decorrentes da exposição ao urânio

Uma ferramenta de análise muito melhor para revelar as consequências directas da exposição ao urânio nos seres humanos é a avaliação dos riscos para a saúde. É muito melhor do que uma simples comparação da concentração de urânio com os valores padrão. Fornece o fator de risco para os seres humanos numa determinada localidade. Os efeitos para a saúde decorrentes da exposição ao urânio podem ser classificados em duas categorias: riscos radiológicos (risco carcinogénico) e riscos químicos (risco não carcinogénico).

1.1.1.1 Avaliação do risco radiológico

De acordo com o risco radiológico, a dose comutativa e o risco médio de cancro em excesso ao longo da vida para o público exposto ao urânio natural são derivados através do fator de conversão fornecido pela OMS (2004) e pelo ICRP (1996). A dose cumulativa foi prevista tendo em conta que a idade média de vida é de 70 anos (ICRP, 1991).

A dose cumulativa das amostras de água tabuladas na tabela 4.3 varia de 46,2 (Borki, distrito de Jhunjhunu) a 9704,1 ^Sv (Didwana, distrito de Nagaur) com o valor médio de 1839,64 ^Sv. O correspondente risco de cancro em excesso ao longo da vida é derivado com o fator de risco 7,3 x 10-2 por Sv, conforme indicado pela OMS (2004): - onde LR é o risco de cancro em excesso ao longo da vida, CD é a dose cumulativa e RF é o fator de risco.

$$LR = CD \times RF, \tag{4.2}$$

O quadro 4.3 mostra claramente que o risco de cancro em excesso varia entre 0,03 x 10-4 (Borki, distrito de Jhunjhunu) e 7,08 x 10-4 (Didwana, distrito de Nagaur), com um valor médio de 1,34x 10-4. Isto indica que cerca de 1 pessoa em cada 10 000 tem a possibilidade de desenvolver cancro. O valor médio do risco de cancro em excesso é inferior ao limite aceitável de 10^{-3} , como indicado por (Nga et al., 2000; Shin et al., 2002; Ye-shin et al., 2004). Todas as amostras de água apresentam um risco de cancro em excesso inferior ao limite de segurança recomendado (figura 4.5), mas duas amostras (risco de cancro em excesso para Didwana, distrito de Nagaur = 7,08 x 10-4 e para Mandrela, distrito de Jhunjhunu = 5,92 x 10-4) têm valores próximos do limite de segurança recomendado.

O excesso de risco de cancro do urânio em Bathinda (Punjab), Índia (1,34 x 10^{-6} - 1,60 x 10^{-3}) (Singh et al., 2013), na região de Odeda do estado de Ogun, Nigéria (1,91 x 10^{-5} - 2,54 x 10^{-4}) (Amakom et al, 2010), Mansa (Punjab), Índia (3,48 x 10^{-6} - 1,54 x 10^{-3}) (Kumar et al., 2011a), e estado de Punjab, Índia (5,55 x 10^{-6} - 1,78 x 10^{-3}) (Kumar et al., 2011b) está em estreita concordância com o presente trabalho, mas para a região de Jaduguda de Jharkhand, Índia (4,3 x 10^{-8} - 1,7 x 10^{-5}) (Sethy et al., 2011), Bagjata (8,81 x 10^{-6} - 4,34 x 10^{-5}) e áreas mineiras de Banduhurang (3,36 x 10^{-6} - 9,55 x 10^{-5}), estado de Jharkhand, Índia (Giri et al., 2012), Haryana Ocidental,

Índia (7,8 x 10^{-8} - 6,7 x 10^{-5}) (Singh et al., 2014) e é inferior aos valores registados no presente inquérito.

4.3.3.2 Avaliação do risco químico

De acordo com a avaliação do risco químico, a dose média diária ao longo da vida (LADD) e o quociente de saúde (HQ) do urânio através da ingestão de água são determinados pela seguinte equação

$$\text{LADD } (\mu g\ kg^{-1}\ d^{-1}) = (\rho_c \times EF \times IR \times ED)/(AT \times BW) \tag{4.3}$$

em que ρ_c é o teor de urânio na água subterrânea (µg/l), EF é a frequência de exposição (365 d y^{-1}) (USEPA, 2011), IR é o consumo de água por dia (2 l d^{-1}) (WHO, 2004), ED é a duração total da exposição (70 anos) (USEPA, 2011), AT é o tempo médio de exposição (25550 dias (obtido a partir de 70 x 365 d)) (USEPA, 2002) e BW 70 kg (USEPA, 1991; ICRP, 1975, 19920 é o peso corporal do homem padrão.

$$\text{Hazard Quotient (HQ)} = LAAD/RfD \tag{4.4}$$

Onde RfD é a dose de referência com valor 0,6 µ g kg^{-1} (Ye-shin et al., 2004; WHO, 1998).

O LAAD das amostras de água (medido em µg kg^{-1} d^{-1}) tabulado na tabela

4.3 varia de 0,03 a 4,77 com o valor médio de 0,91. A partir dele pode ser claramente visto que o valor calculado de LAAD de todas as amostras de água coletadas é menor, mas em vinte e um locais este valor é encontrado para ser maior do que o limite de dose de referência (RfD) (0,6 μ g kg^{-1} d^{-1}), como recomendado pela OMS (1998). O valor mais elevado de LAAD

foi observado em Didwana, distrito de Nagaur, que é ~8 vezes superior ao valor RfD sugerido pela OMS (1998) (figura 4.6).

Os valores LADD de urânio para a área de Odeda, Estado de Ogun, Nigéria (0,56-7,47) (Amakom et al., 2010) estão em estreita concordância com o presente trabalho, mas para as áreas mineiras de Bagjata (0,14-0,70) e Banduhurang (0,05-1,8), Jharkhand, Índia (Giri et al, 2012) e a região de Jaduguda no Estado de Jharkhand, Índia (0,001-0,32) (Patra et al., 2013) é inferior aos valores registados no presente inquérito. Além disso, o LAAD de urânio para Mansa (Punjab), Índia (0,10-43,66) (Kumar et al., 2011a), Bathinda (Punjab), Índia (0,04-43,11) (Singh et al., 2013) e Estado de Punjab, Índia (0,15-48) (Kumar et al., 2011b) é superior aos valores actuais investigados.

O Quociente de Perigo das amostras de água investigadas, tabulado na tabela 4.3, varia entre 0,04 e 7,95, com o valor de 1,51 em média. O valor do Quociente de Perigo em 52,5% das amostras de água é superior ao limite de segurança admissível de 1,0 dado pela OMS (2008), indicando um risco significativo devido à toxicidade química (figura 4.6). Assim, é evidente que existe uma maior probabilidade de desenvolver doenças pulmonares e renais nos locais onde o valor de HQ é superior à unidade. Por isso, é necessário adotar imediatamente técnicas que possam remover o urânio da água potável. Os resultados globais revelam que a toxicidade química é muito mais importante do que a toxicidade radiológica.

4.3.4 Análise da concentração de metais pesados na água potável

Amostras de água

Os dados relativos a várias concentrações de metais pesados (Cr, Fe, As, Pb, Cu, Cd, Zn, Se e Th) em 40 amostras de águas subterrâneas recolhidas em diversos locais e a diferentes profundidades dos distritos de Jodhpur, Nagaur, Bikaner e Jhunjhunu do Rajastão, Índia, são apresentados na tabela 4.5 (a,b,c,d,e e f). A partir do qual pode ser visto que em amostras de águas subterrâneas a concentração de metais pesados (medidos em μ g l-l) varia de 3,87 a 47,173 (Cr), 23,37 a 3249,94 (Fe), 0,57 a 11,74 (As), 1,23 a 40,60 (Pb), 0.71 a 9.73 (Cu), 0.06 a 3.95 (Cd), 1.35 a 865.57 (Zn), 3.00 a 25.92 (Se), e 0.30 a 9.73 (Th) com o valor médio de 10, 427.53, 2.93, 155.61, 3.45, 9.73, 0.88, 11.73 e 1.92, respetivamente (Mittal et al, 2016). Várias organizações de proteção recomendaram os diferentes limites admissíveis de concentração de metais pesados na água potável para os habitantes. A Agência de Proteção Ambiental dos EUA (USEPA, 2011) recomendou 1300, 5, 50, 50 e 100 μ g l^{-1} de Cu, Cd, Se, As e Cr, respetivamente, na água potável como um limite permitido. A concentração destes metais pesados em todas as amostras de água investigadas encontra-se dentro do limite de segurança aprovado pela USEPA (2011). Além disso, os limites seguros de concentração de metais pesados de Fe, Cu, Cd, Se, As, Pb e Zn em amostras de águas subterrâneas são 100, 1000, 5, 10, 50, 5 e 5000 μg l^{-1} respetivamente, conforme aprovado pela OMS (2008). Os valores observados de concentração de Cu, Cd e As nas nossas amostras de água investigadas estão bem abaixo do limite máximo de contaminação permitido, conforme aprovado pela OMS (2008). A concentração de ferro em 72%, de Se em 40% e de chumbo em 65% das amostras de águas subterrâneas é superior ao limite admissível recomendado pela OMS (2008). A elevada concentração de metais pesados foi encontrada nos distritos de

Jodhpur, Nagaur, Bikaner e Jhunjhunu do Rajastão, na Índia, o que pode dever-se à estrutura geológica dos distritos, à influência das colinas de Aravali e à extração intensiva de mármore nos distritos investigados. Além disso, nas amostras de água potável, a elevada concentração de metais pesados pode dever-se à utilização de minerais como o jaspe, a dolomite, o calcário, o granito e o fosfato, que contêm uma elevada concentração de metais pesados nos distritos investigados. Por outro lado, a área investigada é adjacente aos distritos de Churu, Sri Ganganagar, Sikar e Hanumangarh, onde a concentração de metais pesados é bastante mais elevada (Duggal et al., 2014), o que tem uma grande influência na qualidade da água da nossa área investigada. As concentrações de Zn e Cu nas actuais amostras de águas subterrâneas são mais elevadas, enquanto as de Cd e Pb são inferiores aos valores publicados para Amritsar, Punjab.

4.3.5 Avaliação e correlação dos riscos físico-químicos

O total de sólidos dissolvidos (TDS) nas amostras de águas subterrâneas varia de 150 a 2460 mg l^{-1} com o valor médio de 791,65 mg l^{-1} como mostrado na tabela 4.6. O valor de TDS em quinze amostras de águas subterrâneas foi encontrado mais do que o limite permitido de 1000 mg l^{-1} dado pela OMS (2008). De acordo com a regra geral, se o valor de TDS (ou valores de condutância) for mais baixo, o valor da radioatividade é também mais baixo em todas as amostras de água (Rangel et al., 2002). Este resultado teórico é comprovado por uma boa correlação positiva do urânio (R=0,75) e dos metais pesados (Cu (R=0,67) e Se (R=0,60) (figuras 4.7, 4.8 e 4.9, respetivamente) com o TDS.

A condutância das amostras de água varia de 0.94 a 5.78 mO^{-1} com o valor médio de 2.15 mO^{-1} como tabulado na tabela 4.6. A condutância em dezanove amostras de água subterrânea é superior ao nível recomendado de 2 mO^{-1} dado pela OMS

(1971). Tal como o TDS, foi observada uma boa correlação positiva do urânio (R=0,65) e dos metais pesados (Cu (R=0,65) e Se (R=0,57) (figuras 4.7, 4.8 e 4.9, respetivamente) com a condutância. Os valores mais elevados de TDS e condutância podem dever-se aos minerais naturais dissolvidos nas amostras de água estudadas.

O pH das amostras de águas subterrâneas varia entre 6,32 e 8,73, com o valor médio de 7,48, como indicado na tabela 4.6. O valor de pH medido em todas as amostras de água da região investigada encontra-se dentro do limite de segurança recomendado de 7,0-8,5, conforme relatado pela OMS (1971), exceto duas (Mathania, valor de pH 6,32 e Mundawa, valor de pH 8,73). Também foi observado que não há correlação entre o teor de urânio e o valor do pH nas amostras de água potável.

4.4 CONCLUSÃO

A concentração de urânio medida em doze amostras de águas subterrâneas das regiões seleccionadas do Rajastão é superior ao limite de segurança recomendado pela OMS e pela USEPA. Destas doze amostras, seis amostras de águas subterrâneas apresentaram valores superiores aos da organização de proteção indiana (AERB). Isto pode dever-se ao efeito da colina Aravali situada perto da nossa área investigada, onde se supõe que o urânio tenha ficado retido em tempos antigos. Além disso, estão em curso trabalhos de extração de granito vermelho, que estão a libertar urânio na área estudada. O AED determinado em duas amostras de água recolhidas na área investigada é superior ao limite admissível indicado pela OMS (2004). De acordo com os riscos radiológicos para a saúde, os resultados revelam que todas as amostras de água subterrânea são seguras para beber. A dose diária ao longo da vida determinada em vinte e um locais da área investigada é superior ao limite RfD indicado pela OMS (1998). Os resultados obtidos a partir do quociente de perigo para as vinte e uma amostras de água estudadas da área investigada são superiores à unidade de limite admissível recomendada de acordo com a OMS (1998). Assim, existe a possibilidade de aumentar as doenças pulmonares e renais nos locais específicos onde o valor de HQ é superior ao limite recomendado. Para além disso, os riscos devidos à toxicidade química são muito superiores aos da toxicidade radiológica. Os níveis medidos de metais pesados (Cu, Cd, Se, As e Cr) em todas as amostras de águas subterrâneas investigadas são inferiores ao limite de segurança aprovado pela USEPA (2011). As concentrações observadas de Cu, Cd e As nas nossas amostras de águas subterrâneas investigadas são menores, mas a concentração de Fe em 29 amostras, de Se em 16 amostras e de chumbo em 26 amostras é superior ao limite admissível recomendado pela OMS (2008). Foi observada uma boa correlação positiva entre a concentração de urânio e os metais pesados (Se e Cu) com o TDS e a condutância nas amostras de água investigadas.

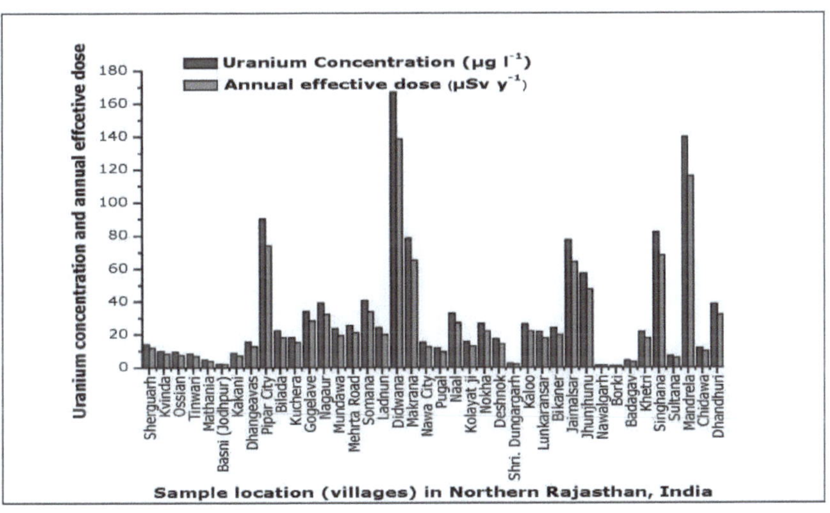

FIGURA 4.2: Concentração de urânio e dose efectiva anual em amostras de água potável recolhidas no Norte do Rajastão.

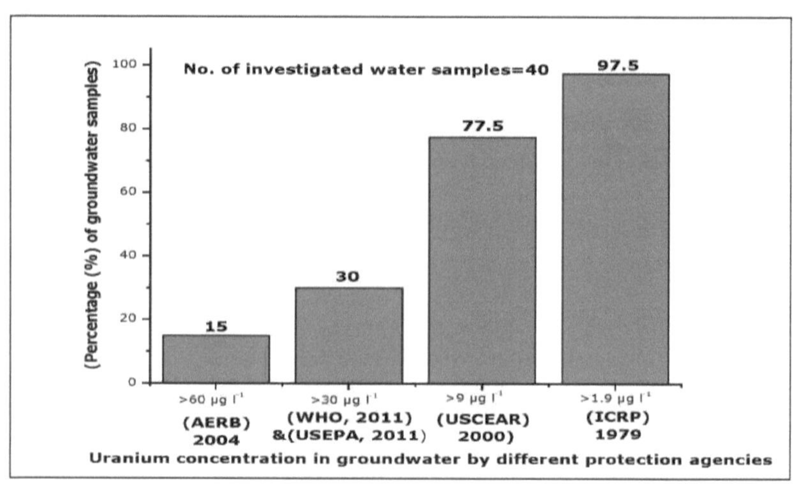

FIGURA 4.3:   Percentagem de amostras de águas subterrâneas com

concentração de urânio

superior aos limites recomendados por várias

agências.

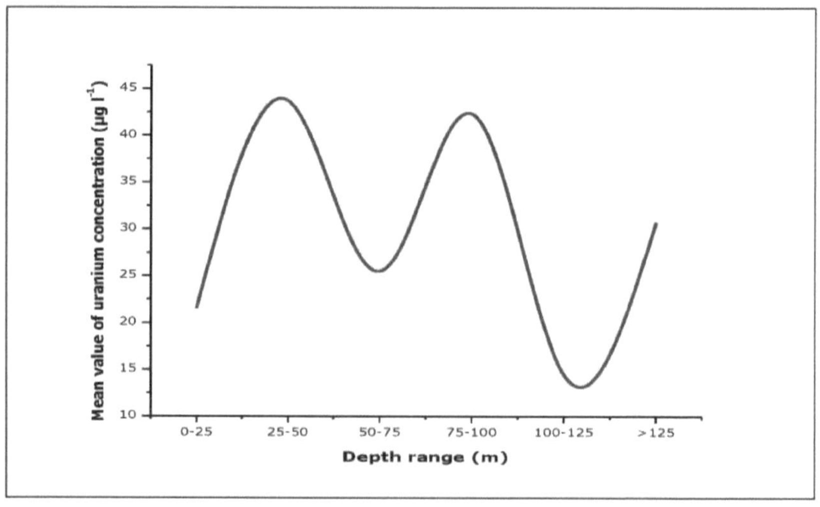

FIGURA 4.4: Variação do teor de urânio com a profundidade da água
subterrânea.

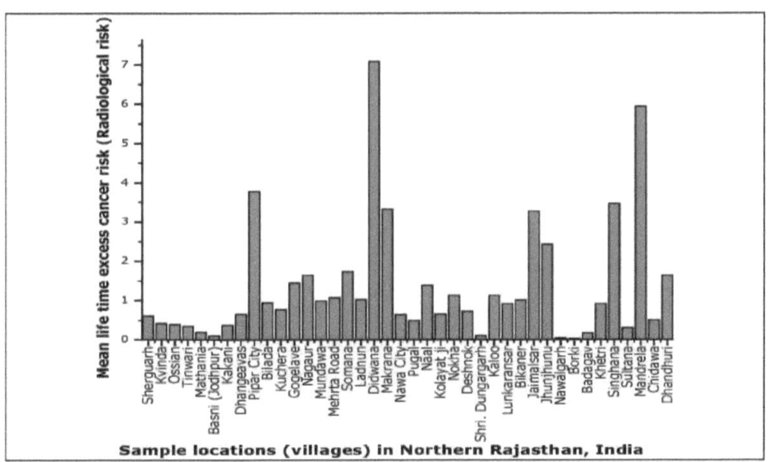

FIGURA 4.5: Risco médio de cancro em excesso na vida (cada valor a multiplicar pela base 10^{-4}) devido ao urânio em amostras de água potável recolhidas no Norte do Rajastão

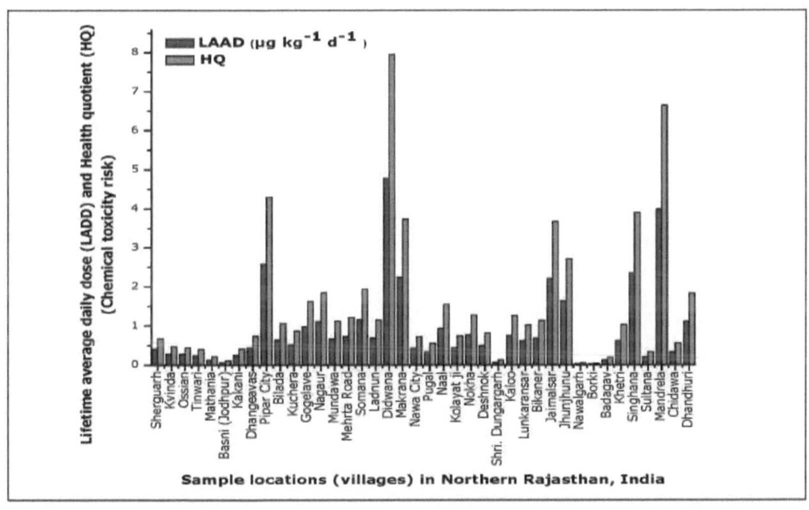

FIGURA 4.6:　　Dose média diária ao longo da vida (LAAD) e

quociente de saúde

(HQ) devido ao urânio em amostras de água potável recolhidas

no Norte do Rajastão.

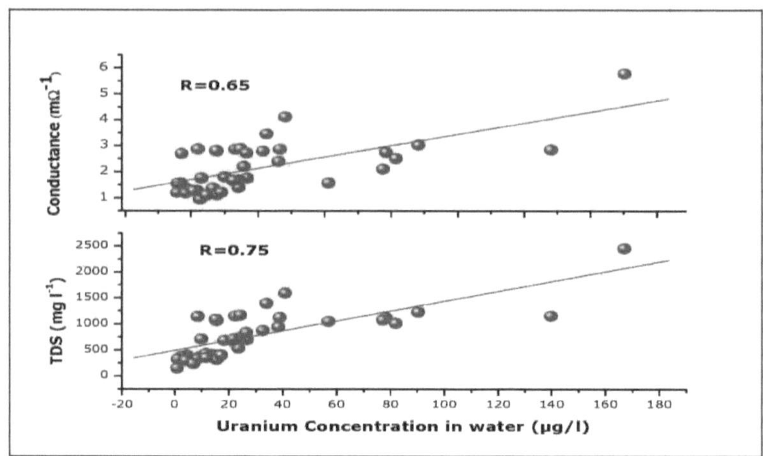

FIGURA 4.7:   Concentração de urânio vs TDS e Condutância em

amostras de água.

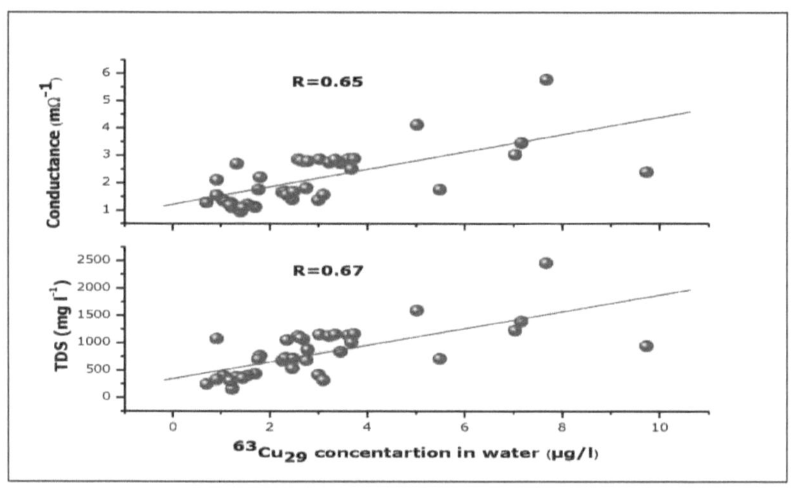

FIGURA 4.8:   Concentração de cobre vs TDS e Condutância em
amostras de água.

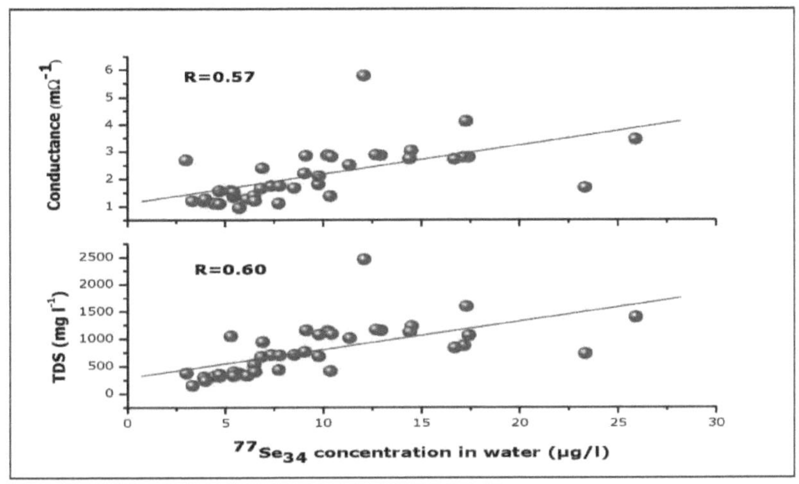

FIGURA 4.9: Concentração de selénio vs TDS e Condutância em amostras de água.

Quadro 4.1. Valores do teor de urânio por ICP-MS em amostras de água dos distritos de Jodhpur, Nagaur, Bikaner e Jhunjhunu do Rajastão.

Sr. No.	Sample Location (Village)	Source	Depth (feet)	Uranium Concentration (μg l^{-1})	Uranium activity concentration (Bq l^{-1})
	Jodhpur				
1	Sherguarh	Tube well	122	14.09	0.36
2	Kvinda	Tube well	114	9.82	0.25
3	Ossian	Tube well	213	9.28	0.23
4	Tinwari	Tube well	226	8.30	0.21
5	Mathania	Tube well	198	4.61	0.12
6	Basni (Jodhpur)	Tube well	107	2.37	0.06
7	Kakani	Tube well	76	8.60	0.22
8	Dhangeavas	Tube well	213	15.46	0.39
9	Pipar City	Tube well	46	90.29	2.28
10	Bilada	Tube well	91	22.34	0.56
	Nagaur				
11	Kuchera	Tube well	107	18.30	0.46
12	Gogelave	Tube well	76	33.99	0.86
13	Nagaur	Hand Pump	38	38.93	0.98
14	Mundawa	Tube well	30	23.49	0.59
15	Mehrta Road	Tube well	110	25.44	0.64
16	Somana	Tube well	91	40.83	1.03
17	Ladnun	Tube well	183	24.17	0.61
18	Didwana	Tube well	37	**166.89**	**4.22**
19	Makrana	Tube well	**244**	78.23	1.98
20	Nawa City	Tube well	38	15.18	0.38
	Bikaner				
21	Pugal	Tube well	46	11.59	0.29
22	Naal	Tube well	91	32.59	0.82
23	Kolayat ji	Tube well	122	15.49	0.39
24	Nokha	Tube well	110	26.64	0.67
25	Deshnok	Tube well	122	17.09	0.43
26	Shri. Dungargarh	Tube well	49	2.52	0.06
27	Kaloo	Tube well	69	26.42	0.67
28	Lunkaransar	Hand Pump	**15**	21.49	0.54
29	Bikaner	Tube well	137	23.79	0.60
30	Jaimalsar	Tube well	76	77.13	1.95

Sr. No.	Sample Location (Village)	Source	Depth (meter)	Uranium Concentration (μg l^{-1})	Uranium activity concentration (Bq l^{-1})
	Jhunjhunju				
31	Jhunjhunu	Tube well	76	56.98	1.44
32	Nawalgarh	Tube well	122	1.13	0.03
33	Borki	Hand Pump	30	**0.89**	**0.02**
34	Badagav	Tube well	91	4.08	0.10
35	Khetri	Hand Pump	21	21.53	0.54
36	Singhana	Tube well	183	81.93	2.07
37	Sultana	Tube well	91	6.93	0.18
38	Mandrela	Tube well	91	139.74	3.53
39	Chidawa	Tube well	61	11.70	0.30
40	Dhandhuri	Hand Pump	61	38.37	0.97
	Range		15-244	0.89-166.89	0.02-4.22
	Average		101	31.72	0.80

Tabela 4.2. Comparação da concentração de urânio nas amostras de água em estudo com as de outros locais.

Sr. No.	Region	Range of uranium concentration (μg l^{-1})	Reference
1	**Northern Rajasthan (Jodhpur, Nagaur, Bikaner and Jhunjhunu districts), India**	**0.89-166.89**	**Present Work**
2	Norway	<0.2-170	Bank et al. (1995)
3	Sweden	<0.2-470	Selden et al. (2009)
4	Kolar, India	0.3-1442.9	Babu et al. (2008)
5	Ontario, Canada	0.05-4.2	OMEE (1996)
6	New York, USA	0.03-0.1	Fisenne et al. (1986)
7	Turkey	0.2-17.6	Kumru (1995)
8	Germany	2.2-24.0	UNSCEAR (2000)
9	Bathinda, India	11.7-113.7	Singh et al. (1995)
10	Hyderabad, India	0.6-82.0	Balbudhe et al. (2011)
11	Rajasthan, India	2.54-133.0	Rani et al. (2013a)

Tabela 4.3.   Dose efectiva anual e dose diária ao longo da vida em vários locais nos distritos de Jodhpur, Nagaur, Bikaner e Jhunjhunu, na região norte do Rajastão.

Sr. No	Sample Location (Village)	Annual effective dose (μSv y^{-1})	Cumulative dose (μSv)	Radiological risk — Lifetime excess cancer risk $\times 10^{-4}$	Chemical toxicity risk — LADD (μg kg^{-1} d^{-1})	Chemical toxicity risk — Hazard Quotient
	Jodhpur					
1	Sherguarh	11.83	828.1	0.60	0.40	0.67
2	Kvinda	8.21	574.7	0.42	0.28	0.47
3	Ossian	7.56	529.2	0.39	0.27	0.44
4	Tinwari	6.90	483	0.35	0.24	0.40
5	Mathania	3.94	275.8	0.20	0.13	0.22
6	Basni (Jodhpur)	1.97	137.9	0.10	0.07	0.11
7	Kakani	7.23	506.1	0.37	0.25	0.41
8	Dhangeavas	12.81	896.7	0.65	0.44	0.74
9	Pipar City	73.91	5173.7	3.78	2.58	4.30
10	Bilada	18.40	1288	0.94	0.64	1.06
	Nagaur					
11	Kuchera	15.11	1057.7	0.77	0.52	0.87
12	Gogelave	28.25	1977.5	1.44	0.97	1.62
13	Nagaur	32.19	2253.3	1.64	1.11	1.85
14	Mundawa	19.38	1356.6	0.99	0.67	1.12
15	Mehrta Road	21.02	1471.4	1.07	0.73	1.21
16	Somana	33.84	2368.8	1.73	1.17	1.94
17	Ladnun	20.04	1402.8	1.02	0.69	1.15
18	Didwana	**138.63**	**9704.1**	**7.08**	**4.77**	**7.95**
19	Makrana	65.04	4552.8	3.32	2.24	3.73
20	Nawa City	12.48	873.6	0.64	0.43	0.72
	Bikaner					
21	Pugal	9.53	667.1	0.49	0.33	0.55
22	Naal	26.94	1885.8	1.38	0.93	1.55
23	Kolayat ji	12.81	896.7	0.65	0.44	0.74
24	Nokha	22.01	1540.7	1.12	0.76	1.27
25	Deshnok	14.13	989.1	0.72	0.49	0.81
26	Shri. Dungargarh	1.97	137.9	0.10	0.07	0.12

Contd....

Sr. No	Sample Location (Village)	Annual effective dose (μSv y^{-1})	Cumulative dose (μSv)	Radiological risk	Chemical toxicity risk	
				Lifetime excess cancer risk $\times 10^{-4}$	LADD (μg kg^{-1} d^{-1})	Hazard Quotient
27	Kaloo	22.01	1540.7	1.12	0.75	1.26
28	Lunkaransar	17.74	1241.8	0.91	0.61	1.02
29	Bikaner	19.71	1379.7	1.01	0.68	1.13
30	Jaimalsar	64.06	4484.2	3.27	2.20	3.67
	Jhunjhunu					
31	Jhunjhunu	47.30	3311	2.42	1.63	2.71
32	Nawalgarh	0.99	69.3	0.05	0.03	0.05
33	Borki	**0.66**	**46.2**	**0.03**	**0.03**	**0.04**
34	Badagav	3.29	230.3	0.17	0.12	0.19
35	Khetri	17.74	1241.8	0.91	0.62	1.03
36	Singhana	68.00	4760	3.47	2.34	3.90
37	Sultana	5.91	413.7	0.30	0.20	0.33
38	Mandrela	115.96	8117.2	5.93	3.99	6.65
39	Chidawa	9.86	690.2	0.50	0.33	0.56
40	Dhandhuri	31.86	2230.2	1.63	1.10	1.83
	Range	0.66-138.63	46.2-9704.1	0.03-7.08	0.03-4.77	0.04-7.95
	Average	26.28	1839.64	1.34	0.91	1.51

Tabela 4.4. Comparação do DEA devido à concentração de urânio nas amostras de água em estudo com as de outros locais.

Sr. No.	Region	Range of AED (μSv y^{-1})	Reference
1	**Northern Rajasthan (Jodhpur, Nagaur, Bikaner and Jhunjhunu districts), India**	**0.66-138.63**	**Present Work**
2	Punjab and H.P States	0.33-37.78	Rani et al. (2006)
3	Uttar Pradesh, India	0.2-137	Yadav et al. (2014)
4	Southern Poland	0.15-3.29	Jobbágy et al. (2009)
5	Mansa district of Punjab, India	2.18-962.90	Kumar et al. (2011a)

Tabela 4.5.   ). Concentração de diferentes metais pesados em amostras de águas subterrâneas nos distritos de Jodhpur, Nagaur, Bikaner e Jhunjhunu, na região norte do Rajastão.

Sample Locations→ Elements ($\mu g\ l^{-1}$)	Sherguarh (Jodhpur)	Kvinda	Ossian	Tinwari	Mathania	Basni	Kakani
Cr	23.62	5.05	6.1	5.84	7.72	11.04	3.87
Fe	1020.01	1061.23	75.52	91.47	103.92	209.64	776.8
Cu	3	5.49	1.41	1.21	1.06	3.1	3.62
Zn	345.41	865.57	81.7	16.76	24.99	587.42	90.86
As	2.38	4.62	3.01	2.61	2.53	11.18	8.01
Se	10.38	7.34	5.74	6.12	5.46	4.72	10.24
Cd	3.55	3.27	0.39	0.09	0.43	0.9	1.04
Pb	40.6	39.96	6.86	2.71	4.86	17.12	13.68
Th	3.39	1.91	0.3	0.72	1.01	0.7	4.58

Quadro 4.5(b). Concentração de diferentes metais pesados em amostras de águas subterrâneas nos distritos de Jodhpur, Nagaur, Bikaner e Jhunjhunu, na região norte do Rajastão.

Sample Locations→ Elements ($\mu g\ l^{-1}$)	Dhangeavas	Pipar City	Bilada	Kuchera (Nagaur district)	Gogelave	Nagaur	Mundawa
Cr	5.25	5.87	5.25	5.41	10.12	4.27	6.52
Fe	1855.84	3248.94	104.15	221.54	757.73	170.78	75.62
Cu	2.69	7.03	3.02	2.75	7.16	2.58	2.46
Zn	355.79	440.71	20.92	47	133.4	87	17.94
As	2.29	7.42	3.5	1.6	11.79	3.18	3.52
Se	17.41	14.52	12.96	9.77	25.92	10.33	6.48
Cd	0.2	0.86	0.07	0.91	0.48	0.65	0.75
Pb	3.94	26.13	3.56	11.99	8.07	11.59	8.47
Th	2.15	9.73	1.04	2.94	2.82	1.35	1.95

Quadro 4.5(c). Concentração de diferentes metais pesados em amostras de águas subterrâneas nos distritos de Jodhpur, Nagaur, Bikaner e Jhunjhunu, na região norte do Rajastão.

Sample Locations→ Elements ($\mu g\ l^{-1}$)	Mehrta Road	Somana	Ladnun	Didwana	Makrana	Nawa City	Pugal (Bikaner district)
Cr	7.1	4.87	5.18	5.64	8.82	5.9	12.89
Fe	99.49	86.46	92.66	1163.38	100.75	262.25	91.72
Cu	1.8	5.02	3.73	7.67	3.22	2.64	1.7
Zn	17.02	101.83	81.86	84.36	53.93	170.27	66.69
As	2.09	6.76	3.38	4.07	2.86	2.18	6.58
Se	9.07	17.28	12.7	12.1	14.43	10.44	7.74
Cd	0.88	1.44	1.7	0.3	0.42	0.43	0.95
Pb	10.77	18.11	15.22	4.96	12.84	7.76	13.95
Th	1.68	2.26	0.66	1.72	0.57	2.01	0.82

Quadro 4.5(d). Concentração de diferentes metais pesados em amostras de águas subterrâneas nos distritos de Jodhpur, Nagaur, Bikaner e Jhunjhunu, na região norte do Rajastão.

Sample Locations→ Elements ($\mu g\ l^{-1}$)↓	Naal	Kolayat ji	Nokha	Deshnok	Shri. Dungargarh	Kaloo	Lunkaransar
Cr	47.73	6.77	10.9	8.69	4.91	26.93	4.35
Fe	84.83	209.96	84.16	163.95	129.51	400.7	100.3
Cu	2.78	1.23	1.77	1.55	1.33	3.46	2.26
Zn	11.11	9.77	17.03	19.84	58.1	87.51	31.89
As	2.95	1.32	2.45	2.95	2.31	5.29	3.47
Se	17.16	4.44	7.78	6.52	3	16.71	6.84
Cd	0.19	0.19	3.95	0.28	0.17	1.02	1.89
Pb	3.79	3.06	32.08	3.18	4.51	13.92	17.31
Th	1.56	1.29	0.66	1.08	0.87	1.98	2.44

Quadro 4.5(e). Concentração de diferentes metais pesados em amostras de águas subterrâneas nos distritos de Jodhpur, Nagaur, Bikaner e Jhunjhunu, na região norte do Rajastão.

Sample Locations→ Elements ($\mu g\ l^{-1}$)↓	Bikaner	Jaimalsar	Jhunjhunu (Jhunjhunu district)	Nawalgarh	Borki	Badagav	Khetri
Cr	22.89	7.29	24.79	25.22	5.2	4.31	6.05
Fe	184.08	84.07	270.73	23.37	309.17	204.57	512.15
Cu	2.32	0.92	2.35	0.92	1.24	1.2	2.48
Zn	40.45	29.49	135.17	1.35	630.96	18.96	407.87
As	1.53	0.91	2.21	1.06	0.57	2.21	1.13
Se	23.33	9.8	5.29	5.44	3.32	3.91	8.54
Cd	0.38	0.81	1.72	0.06	0.62	0.14	0.38
Pb	6.14	3.11	27.54	1.23	7.34	2.73	4.05
Th	1.16	2.01	2.88	1.15	0.89	1.6	1.33

Quadro 4.5 f). Concentração de diferentes metais pesados em amostras de águas subterrâneas nos distritos de Jodhpur, Nagaur, Bikaner e Jhunjhunu, na região norte do Rajastão.

Sample Locations→ Elements (μg l^{-1})↓	Singhana	Sultana	Mandrela	Chidawa	Dhandhuri
Cr	5.26	4.94	7.94	10.39	8.57
Fe	526.62	146.57	190.19	102.03	1704.47
Cu	3.68	0.71	3.34	1.45	9.73
Zn	271	11.57	14.93	58.18	677.6
As	3.78	1.51	2.44	2.53	1.9
Se	11.36	3.99	9.14	4.72	6.9
Cd	0.44	0.75	0.26	0.28	1.85
Pb	5.86	14.29	4.61	5.15	25.96
Th	2.01	1.21	1.9	1.01	5.34

Quadro 4.6   Propriedades físico-químicas em vários locais nos distritos de Jodhpur, Nagaur, Bikaner e Jhunjhunu da região norte do Rajastão.

Sr. No	Sample Location (Village)	TDS (mg l⁻¹)	Conductance mΩ⁻¹	pH
	Jodhpur			
1	Sherguarh	409	1.37	8.45
2	Kvinda	708.5	1.75	7.07
3	Ossian	368.5	**0.94**	7.97
4	Tinwari	330	1.27	7.14
5	Mathania	395	1.35	**6.32**
6	Basni (Jodhpur)	312.5	1.56	7.33
7	Kakani	1140	2.87	7.54
8	Dhangeavas	1060	2.79	7.25
9	Pipar City	1230	3.03	7.00
10	Bilada	1150	2.86	7.04
	Nagaur			
11	Kuchera	680	1.80	7.24
12	Gogelave	1395	3.46	7.15
13	Nagaur	1125	2.86	7.61
14	Mundawa	535	1.39	**8.73**
15	Mehrta Road	760	2.20	7.19
16	Somana	1590	4.12	7.17
17	Ladnun	1165	2.88	7.03
18	Didwana	**2460**	**5.78**	7.87
19	Makrana	1125	2.74	7.10
20	Nawa City	1090	2.81	7.46
	Bikaner			
21	Pugal	430	1.11	7.81
22	Naal	875	2.79	7.52
23	Kolayat ji	315	1.11	7.03
24	Nokha	700	1.75	7.27
25	Deshnok	400	1.21	7.26
26	Shri. Dungargarh	375	2.69	7.37
27	Kaloo	835	2.72	7.68
28	Lunkaransar	672.5	1.66	7.92
29	Bikaner	725	1.68	7.97
30	Jaimalsar	1075	2.1	7.51

Contd....

Sr. No	Sample Location (Village)	TDS (mg l⁻¹)	Conductance mΩ⁻¹	pH
	Jhunjhunu			
31	Jhunjhunu	1050	1.57	8.03
32	Nawalgarh	325	1.54	7.82
33	Borki	**150**	1.2	8.22
34	Badagav	300	1.18	8.06
35	Khetri	710	1.67	7.01
36	Singhana	1010	2.51	7.03
37	Sultana	240	1.27	7.31
38	Mandrela	1155	2.85	7.16
39	Chidawa	350	1.10	7.31
40	Dhandhuri	945	2.40	8.14
	Range	150-2460	0.94-5.78	6.32-8.73
	Average	791.65	2.15	7.48

RESUMO

RESUMO

O presente estudo foi atribuído à avaliação do risco radiológico devido aos radionuclídeos naturais nos arredores do norte do Rajastão, na Índia. Os dados obtidos na área investigada foram apresentados e resumidos como se segue:

Foi utilizado um dosímetro de orifício recentemente concebido com detectores LR-115 tipo II para medir a concentração de rádon e tóron no interior dos arredores do Norte do Rajastão (técnica passiva, medição a longo prazo). Para medir a variação anual da concentração de rádon, o ano completo foi metodologicamente dividido em quatro estações. A duração de cada estação era de 3 meses: inverno (dezembro a fevereiro), primavera (março a maio), verão (junho a agosto) e outono (setembro a novembro). As condições de ventilação e os materiais de habitação determinam a concentração de rádon no interior. Os resultados revelam que a maior concentração de rádon no inverno se deve a uma má ventilação entre o exterior e o interior e que a menor no verão se deve a boas condições de ventilação. A concentração média anual de rádon foi observada mais elevada nas habitações cujo edifício é feito de material (chão: lama, telhado: tijolo + lama, parede: pedra). A concentração mais elevada de rádon é observada na habitação de Kuchera, distrito de Nagaur, na estação do inverno. A concentração mais elevada de rádon pode dever-se à influência das colinas de Aravalli presentes perto da nossa área investigada e à extração de granito vermelho. A concentração média anual de rádon mais baixa é observada nas habitações cujo edifício é construído com material (pavimento: mármore, telhado: tijolo + cimento, parede: pedra). Nos presentes estudos, o valor mais baixo da concentração de rádon é encontrado em habitações da cidade de Pipar, distrito de Jodhpur, na época de verão. Observou-se que, no inverno, a concentração de rádon no interior de toda a região investigada, em cerca de 50% das habitações, se situa no limite do nível de ação ou acima (200-300 Bq m^{-3}), tal como recomendado pelo ICRP, 2009. No verão, na primavera (exceto uma, a concentração de rádon no interior de Sultana para a primavera = 255±21 Bq m^{-3}) e no outono, exceto três (concentração de rádon no interior de Merta Road = 232±28 Bq m^{-3} , para Borki = 220.±21 Bq m^{-3} e para Sultana = 300±21 Bq m^{-3}), a concentração de rádon no ar interior em todas as habitações é inferior ao nível de ação (200-300 Bq m^{-3}). A concentração de tórax no ar interior foi observada mais elevada nas habitações de Kvinda, distrito de Jodhpur, na estação do inverno e mais baixa em Badagav, distrito de Jhunjhunu, na estação da primavera. A dose efectiva anual recebida pelos residentes em todas as aldeias é inferior ou situa-se dentro do nível de ação (3-10 mSv y^{-1}) recomendado pelo ICRP.

Para a medição ativa da concentração de rádon nas habitações da área de estudo, foi utilizado o RAD7, um detetor eletrónico de rádon ligado a um acessório Drystick na configuração de circuito fechado. A concentração de rádon no interior de todas as habitações foi encontrada dentro do limite de segurança recomendado pela EPA. A dose efectiva anual recebida pelos residentes em todas as aldeias é inferior ao limite inferior do nível de ação (3-10 mSv y^{-1}) recomendado pelo ICRP.). Foi feita uma comparação entre a técnica passiva (medição a longo prazo) e a técnica ativa (medição a curto prazo) para as medições dos níveis de rádon e de tórax no interior dos edifícios. A técnica ativa não tem em conta os parâmetros que afectam a concentração de rádon e tórax em recintos fechados. Por conseguinte, a técnica passiva (avaliação a longo prazo) é muito mais adequada do que a técnica ativa (avaliação a curto prazo) para a avaliação dos níveis de rádon e tórax em recintos fechados.

A técnica ICP-MS foi utilizada para a análise do urânio em amostras de águas subterrâneas. Foi encontrada uma variação muito grande nas concentrações de urânio nas amostras de água analisadas. Os dados revelam que a concentração de urânio nas águas subterrâneas é superior ao limite recomendado pelo ICRP, UNSCEAR, OMS, USEPA e pela norma indiana (AERB) para a água potável. A concentração mais elevada de urânio nas amostras de águas subterrâneas pode dever-se à influência das colinas de Aravalli. A dose efectiva anual em dois locais (Didwana, distrito de Nagaur e Mandrela, Jhunjhunu) foi considerada superior ao nível de referência recomendado pela Organização Mundial de Saúde (OMS). Foi também calculado o risco radiológico (risco carcinogénico) e o risco químico (risco não carcinogénico) devido à exposição ao urânio. Os resultados revelam que todas as amostras de água apresentam um excesso de risco de cancro inferior ao limite de segurança recomendado, mas duas amostras (Didwana, distrito de Nagaur e Mandrela, distrito de Jhunjhunu) apresentam valores próximos do limite de segurança recomendado do ponto de vista radiológico. Do ponto de vista químico, o valor calculado de LAAD em vinte e um locais é superior ao limite da dose de referência (RfD) (0,6 µg kg-1 d-1), conforme recomendado pela OMS. O valor mais elevado de LAAD foi observado em Didwana, distrito de Nagaur. O valor do Quociente de Perigo em vinte e uma amostras de água é superior ao limite de segurança admissível de 1,0 dado pela OMS, indicando um risco significativo devido à toxicidade química. A concentração de ferro em 29, de Se em 16 e de chumbo em 26 amostras de águas subterrâneas é superior ao limite admissível recomendado pela OMS.

OMS. Foi observada uma boa correlação positiva entre a concentração de urânio e metais pesados (Se e Cu) com TDS e condutância nas amostras de água investigadas.

REFERÊNCIAS

[1] Abu-Jarad, F., Fremlin, J. H., e Bull, R., (1980), "A study of radon emitted from building materials using plastic track detectors", Phy. Med. Biol, 25(4), pp. 683-694.

[2] AERB, Atomic Energy Regulatory Board, India, (2004), "Directive for limit on uranium in drinking water, India," Atomic Energy Regulatory Board, India.

[3] Alter, H. W., e Fleischer, R. L., (1981), "Passive Integrating Radon Monitor for Environmental Monitoring", Health Phys., 40(5), pp. 693-702.

[4] Amakom, C. M., e Jibiri, N. N., (2010), "Chemical and radiological risk assessment of uranium in borehole and well waters in the Odeda Area, Ogun State, Nigeria," International J. Phys. Sci., 5(7), pp. 1009-1014.

[5] APHA, Associação Americana de Saúde Pública, (1985), "Standard methods for the examination of water and waste water", 16th edition, Washington, D.C.

[6] Arif M., Husain, I., Hussain, J., e Kumar, S., (2013), "Assessment of fluoride level in groundwater and prevalence of dental fluorosis in Didwana block of Nagaur district, Central Rajasthan, India," Int. J. Occup. Environ. Med., 4(4), pp. 178-84.

[7] AT SDR, (1999), U.S. agency for toxic substances and disease registry toxicological profile for uranium, setembro de 1999.

[8] Auxier, J. A., Christian, D. J., Jones, T. D., Kerr, G. D., Perdue, P. T., Shinpaugh, W. H. e Thorngate, J. H., (1973), "Contribution of Natural Terrestrial Sources to the Total Radiaiton Dose to Man", Oak Ridge National Laboratory, ORNL-TM-4323.

[9] Axelson, O., (1995), "Cancer risks from exposure to radon in homes", Envint. Health Perspectives, 103 (2), pp. 37-43.

[10] Baade, W., e Zwicky, F., (1934), "Cosmic Rays from Supernovae". Actas da Academia Nacional de Ciências dos Estados Unidos da América (Academia Nacional de Ciências), 20 (5), pp. 259-263. doi:10.1073/pnas.20.5.259.

[11] Babcock, H., (1948), "Magnetic Variable Stars as Sources of Cosmic Rays," Physical Review, 74 (4), pp. 489. doi:10.1103/PhysRev.74.489.

[12] Babu, M. N. S., Somashekar, R. K., Kumar, S. A., Shivanna, K., Krishnamurthy, V., e Eappen, K. P., (2008), "Concentração dos níveis de urânio nas águas subterrâneas", Int. J. Environ. Sci. Tech., 5(2), pp. 263-266.

[13] Balbudhe, Y., Srivastava, S. K., Vishwaprasad, K., Srivastava, G. K., Tripathi, R. M. e Puranik, V. D., (2011), "Assessment of age dependent uranium intake due to drinking water in Hyderabad, India. Radiation Protection Dosimetry, 148(4), pp. 502-506.

[14] Banks, D., Royset, O., Strand, T. e Skarphagen, H., (1995), "Radioelement (U, Th, Rn) concentrations in Norwegian bedrock groundwaters", Environmental Geology, 25(3), pp. 165-180.

[15] Baughman, B. M., (2009), "Investigation of the Displacement Angle of the Highest Energy Cosmic Rays Caused by the Galactic Magnetic Field," Astrophysical Sources of Cosmic Rays and Related Measurements with the Pierre Auger Observatory.
Apresentações para a 31ª Conferência Internacional de Raios Cósmicos, L'od'z , Polónia.

[16] Bean, J. A., Isacson, P., Hahne, R. M., e Kohler, J., (1982), "Drinking water and cancer incidence in Iowa. II. Radioactivity in drinking water", Am. J. Epidemiol., 116(6), pp. 924-932.

[17] Bhagwat, A. M., (1993), "Solid State Nuclear Track Detection: Theory and Applications", Indian Society for Radiation Physics, Kalpakkam, Índia.

[18] Blaurock-Busch, E., Busch, Y. M., Friedle, A., Buerner, H., Prakash, C., e Kaur, A., (2014), "Comparing the metal concentration in the hair of cancer patients and healthy people living in the Malwa region of Punjab, India," Clinical Medicine Insights: Oncology, 8, pp. 1-13.

[19] Bochicchio, F., Forastiere, F., Abeni, D., e Rapiti E., (1998), "Epidemiologic studies on lung cancer and residential exposure to radon in Italy and other countries," Radiat. Prot. Dosim., 78 (1), pp. 33-38.

[20] Brenner, D. J., (2010), "Should we be concerned about the rapid increase in CT usage?" (Devemos preocupar-nos com o rápido aumento da utilização de TC? Rev. Environ. Health, 25 (1), pp. 638. doi:10.1515/REVEH.2010.25.1.63.

[21] Brenner, D. J., Hall, E. J., (2007), "Computed tomography-an increasing source of radiation exposure," N. Engl. J. Med., 357 (22), pp. 2277-2284. doi:10.1056/NEJMra072149.

[22] Brunton, L.L., Goodman, L.S., Blumenthal, D., Buxton, I., e Parker, K.L., (2007), "Principles of toxicology". Goodman and Gilman's Manual of Pharmacology and Therapeutics", McGraw- Hill Professional. ISBN 0-07-144343-6.

[23] Castren, O., Voutilainen, A., Winqist, K., e Miikelainen, I., (1985), "Studies of high indoor radon areas in Finland", Sci. Total. Environ., 45, pp. 311-318.

[24] Chauhan, R. P., (2010), "Monitoring of radon, thoron and their progeny in dwellings of Haryana," Indian J. Pure Appl. Phys., 48(4), pp. 470-472.

[25] Collman, G. W., Loomis, D. P., e Sandler, D. P., (1991), "Childhood cancer mortality and radon concentration in drinking water in North Carolina," Br. J. Cancer, 63(4), pp. 626-629.

[26] Cothern, C. R., e Lappenbusch, W. L., (1983), "Occurrence of uranium in drinking water in the US", Health physics, 45(1), pp. 89-99.

[27] Cucinotta, F. A., e Durante, M., (2006). "Cancer risk from exposure to galactic cosmic rays: implications for space exploration by human beings", Lancet Oncol, 7 (5), pp. 431-435. doi: 10.1016/S1470-2045(06)70695-7.

[28] De Santis, M., Cesari, E., Nobili, E., Straface, G., Cavaliere, A. F., e Caruso, A., (2007), "Radiation effects on development". Birth Defects Res. C. Embryo Today, 81 (3), pp. 177

182. doi:10.1002/bdrc.20099.

[29] Dreeson D.R., Williams J.M., Marple M..L, Gladney E.S., e Perrin D.R., (1982), "Mobility and bioavailability of uranium mill tailings constituents," Environ. Sci. Technol., 16(10), pp. 702-709.

[30] Duggal, V., Mehra, R., and Rani, A., (2013), "Determination of^{222} Rn level in groundwater using a RAD7 detetor in the Bathinda district of Punjab, India," Radiat. Prot. Dosim., 156(2), pp. 239245.

[31] Duggal, V., Rani, A., e Mehra, R., (2013), "Measurement of indoor radon concentration and assessment of doses in different districts of Northern Rajasthan, India," Indoor and Built Environment, 0(0), pp. 1-9. DOI: 10.1177/1420326X13500801.

[32] Duggal, V., Rani, A., e Mehra, R., (2014), "Monitoring of metal contamination in groundwater in Northern Rajasthan, India," J. Environ. Occupat. Sci., 3(2), pp. 114-118.

[33] Durakovic', A., (1999), "Medical effects of internal contamination with uranium", Croatian Medical Journal, 40(1), 49-66.

[34] Durrani, S. A., e Ilic, R., (1997), "Radon measurements by etched track detectors. Applications in radiation protection, earth sciences and the environment", World Scientific Publishing Co. Pte. Ltd., Singapura.

[35] Eappen, K. P., e Mayya, Y. S., (2004), "Calibration fator for LR-115 (type-II) based radon thoron discriminating dosimeter", Radiation Measurements, 38(1), pp. 5-17.

[36] Faulkner, K., e Vano, E., (2001), "Deterministic Effects in Interventional Radiology," Rad Prot Dosim., 94, pp. 95-98.

[37] Field, R. W., Steck, D. J., Smith, B. J., Brus, C. P., Neuberger, J. S., Fisher, E. F., Platz, C. E., Robinson, R. A., Woolson, R. F., e Lynch, C. F., (2000), "Residential gas exposure and lung cancer: the lowa radon lung cancer study", Am. J. Epidemiol, 151 (11), pp. 1091-102.

[38] Fisenne, I. M., e Welford, G. A., (1986), "Natural U concentration in soft tissues and bone of New York City residents", Health Phys., 50, pp. 739-746.

[39] Fleischer, R. L., Price, P. B., e Walker, R. M., (1975), "Nuclear tracks in solids - principle and applications", Universidade da Califórnia, Berkeley, Califórnia.

[40] Folger, P. F., Nyberg, P., Wanty, R. B., e Poeter, E., (1994), "Relationship between^{222} Rn dissolved in groundwater supplies and indoor^{222} Rn concentration in some Colorado front range houses," Health Phys., 67, pp. 245-253.

[41] Fulco, C. E., Liverman, C. T., e Sox, H. C., (2000), "Gulf War and Health. Vol. 1. Depleted uranium, sarin, pyridostigmine bromide, vaccines," National Academy Press, Washington DC. http://books.nap.edu/catalog/9953.html.

[42] Gibb, M., (2010), "Cosmic Rays". Imagine the Universe, Centro de Voos Espaciais Goddard da NASA.

[43] Giri, S., e Jha, V. N., (2012), "Risk assessment (chemical and radiological) due to intake of uranium through the ingestion of drinking water around two proposed uranium mining areas, Jharkhand, India," Radioprot., 47(4), pp. 543-551.

[44] Gusain, G.S., Prasad, G., Prasad, Y., Ramola, e R.C., (2009), "Comparison of indoor radon level with radon exhalation rate from soil in Garhwal Himalaya," Radiat Meas. 44(9-10), pp. 1032-1035.

[45] Hakanson, L., (2005), "The relationship between salinity, suspended particulate matter and water clarity in aquatic systems", Ecological Research, 21(1), pp. 75-90

[46] Hall, E. J., e Brenner, D. J., (2008), "Cancer risks from diagnostic radiology". Br. J. Radiol, 81 (965), pp. 36278. doi:10.1259/bjr/01948454.

[47] Hammond, C. R., (2000), "The Elements, in Handbook of Chemistry and Physics (81st ed.)," CRC press. ISBN 0-8493-04814.

[48] Henshaw, D. L., Eatough, J. P., e Richardson, R. B., (1990), "Radon as a causative fator induction of myeloid leukaemia and other cancers", Lancet, 355, pp. 1008-1015.

[49] Hess, C. T., Weiffenbach, C. V. e Narton, S. A., (1983), "Environmental radon and cancer correlations in Maine", Health Phys., 45(2), pp. 339-348.

[50] ICRP, Comissão Internacional de Proteção Radiológica, (1975), "Reference man: anatomical, physiological and metabolic characteristics", ICRP Publication 23. Permagon Press.

[51] ICRP, Comissão Internacional de Proteção Radiológica, (1977), "Problems Involved in Developing an Index of Harm", Publicação 27 da ICRP: Ann. ICRP 1 (4), Pergamon Press, Oxford.

[52] ICRP-30, Comissão Internacional de Proteção Radiológica, (1979), "Limits for intake of radionuclides by workers", Pergamon Press, Oxford, Reino Unido.

[53] ICRP, Comissão Internacional de Proteção Radiológica, (1981), "Limits for Inhalation of Radon Daughters by Workers, " ICRP Publication 32: Ann. ICRP 6 (1), Pergamon Press, Oxford.

[54] ICRP, Comissão Internacional de Proteção Radiológica, (1991), "Recommendations of the International Commission on Radiological Protection", Oxford: Pergamon Press; Publicação 60 da ICRP; Ann ICRP 21(1-3).

[55] ICRP, Comissão Internacional de Proteção Radiológica, (1993), "Protection against Radon-222 at home and at work", Publicação 65 da ICRP: Ann. ICRP 23(2), Pergamon Press, Oxford.

[56] ICRP, Comissão Internacional de Proteção Radiológica, (1996), "Age dependent doses to the members of the public from intake of radionuclides part 5: compilation of ingestion and inhalation coefficients", Oxford Pergamon Press; ICRP Publication 72; Ann ICRP 26/1.

[57] ICRP, Comissão Internacional de Proteção Radiológica, (2007), "The 2007 Recommendations of the International Commission on Radiological Protection," ICRP Publication 103: Ann ICRP. 2007; 37(2-4):1-332, Pergamon Press, Oxford.

[58] ICRP, Comissão Internacional de Proteção Radiológica, (2009), "Statement on radon", aprovada pela Comissão em novembro de 2009, ICRP Ref. 00/902/09.

[59] Ingersoll, J. G., (1981), "A Survey of Radionuclide Contents and Radon Emanation Rates in Building Materials used in the United States", Lawrence Berkeley Laboratory, LBL report-11771.

[60] Institute of Medicine, Food and Nutrition Board, (2001), "Dietary Reference Intake for Vitamin K, Arsenic, Boron, Chromium, Copper, Iodine, Manganese, Molybdenum, Nickel, Silicon, Vanadium and Zinc," Washington, DC: National Academy Press.

[61] Iyer, R. H., (1972), "Solid state track detectors. "A novel tool for the study of fission phenomena", J. Chem. Educ., 49(11), pp. 742745.

[62] Jain, C. K., Kumar, C.P., e Sharma, M. K., (2003), "Ground water qualities of Ghataprabha command area Karnataka, Indian," J. Environ. Ecoplan, 7(2), pp. 251-262.

[63] Jobbagy, V., Chmielewska, I., Kovacs, T., e Chalupnik, S., (2009), "Uranium determination in water samples with elevated salinity from Southern Poland by micro coprecipitation using alpha spectrometry," Microchem. J., 93, pp. 200-205.

[64] Jonassen, N., e McLaughlin, J. P., (1977), "Radon in Indoor Air, II, Lingby: Universidade Técnica da Dinamarca, Laboratório de Física Aplicada 1, Relatório de Investigação 7.

[65] Jonsson, G., (1981), "The angular sensitivity of Kodak LR film to alpha particles," Nucl. Instruments Meth., 190 (2), pp. 407-414.

[66] Jonsson, G., (1981), "The angular sensitivity of Kodak LR film to alpha particles", Nucl. Instruments Meth., 190 (2), pp. 407-414.

[67] Kandari, M.S., e Ramola, R.C., (2009), "Analysis of seasonal variation of indoor radon concentration in Tehri Garhwal, Northern India," Indian J. Phys., 83(7), pp. 1019-1023.

[68] Kansal, S., Mehra, R., e Singh, N.P., (2012), "Life time fatality risk assessment

due to variation of indoor radon concentration in dwellings in Western Haryana, India," Appl. Radiat. Isot., 70(7), pp. 1110-1112.

[69] Khan, A. J., (2000), "A study of indoor radon levels in Indian dwellings influencing factors and lung cancer risks", Radiat. Meas., 32, pp. 87-92.

[70] Kumar Garg, V., e Singh, B., (2013), "Fluoride signatures in groundwater and dental fluorosis in permanent teeth of school children in rural areas of Haryana State, India," Int. J. Occup. Environ. Med., 4(2), pp. 107-108.

[71] Kumar, M., Kumar, A., Singh, S., Mahajan, R. K., e Walia, T.P., (2003), "Uranium content measurement in drinking water samples using track etch technique", Radiat. Meas., 36(1-6), pp. 479-81.

[72] Kumar, R., e Prasad, R., (2007a), "Measurement of radon and its progeny levels in dwelling of Srivaikuntam, Tamilnadu," Indian J. Pure Appl. Phys., 45, pp. 116-118.

[73] Kumar, R., Kumar, S., Singh, S., Bajwa, B. S., e Singh, L., (2011), "Cancer risk, chemical toxicity and dose intake due to uranium content in drinking water in Mansa district, Punjab state, India," In: 17 national symposium on solid state nuclear track detectors and their applications: 17-19 de outubro de 2011, Vadodara (Índia), IAEA/INIS, volume 43, número 40.

[74] Kumar, R., Mahur, A.K., Jojo, P. J., e Prasad, R., (2007b), "Study of radon and its progeny levels in dwelling of Thankasery, Kerala," Indian J. Pure Appl. Phys., 45, pp. 877-879.

[75] Kumar, S., Singh, S., Bajwa, B.S., e Sabharwal, A.D., (2011), "In situ measurements of radon levels in water and soil and exhalation rate in areas of Malwa belt of Punjab (India)," Isotop. Environ. Health Stud., 47(4), pp. 446-455.

[76] Kumru, M. N., (1995), "Distribution of radionuclides in sediments and soils along the Buyuk Menders River," Proc. Pakistan Acad. Sci., 32, pp. 51-56.

[77] Lide D.R., ed., (1992-93), "Handbook of chemistry and physics," Boca Raton,

FL, CRC Press.

[78] Laboratório Nacional de Los Alamos, (2009), "Radium". Recuperado em 5 de agosto de 2009. http://periodic.lanl.gov/88.shtml.

[79] Lussenhop, A. J. Gallimore, J. C., Sweat, W. H., e Struxness Robinson, E. G., (1958), "The toxicity in man of hexavalent uranium following intravenous admission", Anna. J. Roentgen, 79, pp. 83-90.

[80] Lyman, G. H., Lyman, C. G., e Johnson, W., (1985), "Association of leukemia with radium groundwater contamination", JAMA, 254(5), pp. 621-626.

[81] Magalhaes, M. H., Amaral, E. C. S., Sachett, I., e Rochedo, E. R. R., (2003), "Radon-222 no Brasil: um esboço de medições em ambientes internos e externos," J. Environ. Radioactiv., 67(2), pp. 131-143. doi: 10.1016/S0265-931X(02)00175-3.

[82] Martz, D. E., Rood, A. S., George, J. L., Pearson, M. D., e Langner, Jr., H., (1991), "Year to year variations in annual average indoor radon concentrations", Health Phys., 61,pp. 413-437.

[83] Mason, B., e Moore, C. B., (1982), "Principles of Geochemistry", Nova Iorque, Wiley.

[84] Merkel, B., Bergakademie Freiberg, T. U., e Dresden, T. U., (1988), "Untersuchungen zur radiologischen Emission des Uran- Tailings Schneckenstein," (em alemão). http://web.archive.org/web/20130108094057/http://www.geo.tu-freiberg.de/~merkel/schneckenstein.PDF

[85] Mittal, S., Rani, A., and Mehra, R., (2016), "Health Hazards Caused by Heavy Metals and their Physico-Chemical Properties in Water Samples from Jodhpur District of Northern Rajasthan, India," Asian Review of Mechanical Engineering, 5(1), pp. 34-37, ISSN: 2249 - 6289.

[86] Mohiuddin, K. M., Ogawa, Y., Zakir, H. M., Otomo, K., e Shikazono, N., "Heavy metals contamination in water and sediments of an urban river in a developing

country", Int. J. Environ. Sci. Technol., 8(4), pp. 723-736.

[87] Mustafa, A., Patel, J., e Rathore, I., (2002), "Preliminary report on radon concentration in drinking water and indoor air in Kenya," Environ. Geochem. Health, 24, pp. 387-396.

[88] Nabizadeh, R., Mahvi, A., Mardani, G., e Yunesian, M., "Study of heavy metals in urban runoff", Int. J. Environ. Sci. Technol., 1(4), pp. 325-33.

[89] Nazaroff, W. W., e Doyle, S. M., (1985), "Radon entry in the houses having crawl space," Health Phys., 48(3), pp. 265-281.

[90] Nazaroff, W.W., Moed, B.A., Sextro, R.G., Nazaroff, W.W., e Nero, A.V., (1988), "Soil as a source of indoor Radon: generation, migration, and entry," New York, NY: John Wiley and Sons, pp. 57-112.

[91] NCRP, National council on Radiation Protection and Measurements, (1984), "Evaluation of occupational and environmental exposure to radon and radon daughters in the United States", Relatório n.º 78.

[92] NCRP, (Conselho Nacional de Proteção e Medidas de Radiação), (2009), "Ionizing Radiation Exposure of the Population of the United States", Relatório NCRP 160.

[93] Ng, Kwan-Hoong, (2003), "Non-Ionizing Radiations-Sources, Biological Effects, Emissions and Exposures", Actas da Conferência Internacional sobre Radiações Não Ionizantes na UNITEN (ICNIR2003). Electromagnetic Fields and Our Health 20 -22[thnd] outubro de 2003.

[94] Nga, L. T., Paul, A. L., e Thomas, A. B., (2000), "Chemical and radiation environmental risk management: differences, commonalities and challenges", Risk Anal., 20(2), pp. 163-172.

[95] NRC, National Research Council, (1998), "Committee on the Biological Effects of Ionizing Radiations," BEIR VI: Health risks of radon and other internally deposited alpha-emitters. National Academy Press, Washington, DC, 1998.

[96] O'Brien, T. R, Decoufle, P., and Rhodes, P. H., (1987), "Leukemia and

groundwater contamination," JAMA, 257(3), pp. 317. doi:10.1001/jama.1987.03390030047017.

[97] OMEE, Ministério do Ambiente e da Energia do Ontário, (1996), "Monitoring Data for Uranium-1990-1995. Toronto, Ontário," Programa de Vigilância da Água Potável do Ontário, Canadá.

[98] Osha.gov., (2013), "Safety and health topics | Cadmium- Health effects," https://www.osha.gov/SLTC/cadmium/healtheffects.html

[99] Patra, A. C., Mohapatra, S., Sahoo, S. K., Lenka, P., Dubey, J. S., Tripathi, R. M., e Puranik, V. D., (2013), "Age-dependent dose and health risk due to intake of uranium in drinking water from Jaduguda, India," Radiat. Prot. Dosim., 155(2), pp. 210-216.

[100] Patrick, L., (2006), "Lead toxicity, a review of the literature. Parte 1: Exposição, avaliação e tratamento". Revista de Medicina Alternativa, 11 (1), pp. 2-22.

[101] Pearce, J. M., (2007), "Burton's line in lead poisoning", European neurology, 57 (2), PP. 118-9. doi:10.1159/000098100.

[102] Petersen, N. J., Samuels, L. D., Lucas, H. F., e Abrahams, S. P., (1966), "An epidemiologic approach to low-level radium 226 exposure", Public Health Rep., 81(9), pp. 805-814.

[103] Ramola, R. C, Singh, M., Singh, S., e Virk, H. S., (1987), "Efficiency of radon detetor LR-115," Ind. J. Pure and Appl. Phys., 25, pp. 235-236.

[104] Ramola, R. C., Singh, M., Singh, S., e Virk, H. S., (1992), "Environmental radon studies using solid state nuclear track detectors", J. Environ. Radioact., 15(2), pp. 95-102.

[105] Ramola, R. C., Kandari, M. S., Rawat, R. B. S., Ramachandran, T. V., e Choubey, V. M., (1998), "A study of seasonal variations of radon levels in different types of houses," J. Environ. Radioact., 39(1), pp. 1-7.

[106] Ramola, R. C., Kandari, M. S., Negi, M. S., e Choubey, V. M., (2000), "A study

of diurnal variation of indoor radon concentrations," J. Health Phys., 35(2), pp. 211-216.

[107] Rani, A., e Singh, S., (2006), "Analysis of uranium in drinking water samples using laser induced fluorimetry," Health Phys., 91(2), pp. 101-107.

[108] Rani, A., Mehra, R., Duggal, V., e Balaram, V., (2013a), "Analysis of uranium concentration in drinking water samples using ICPMS," Health Phys., 104(3), pp. 251-255.

[109] Rani, A., Singh, S., Duggal, V., e Balaram, V., (2013b), "Uranium estimation in drinking water samples from some areas of Punjab and Himachal Pradesh, India using ICP-MS," Radiat. Prot. Dosim., 157(1), pp. 146-151.

[110] Rani, A., Mittal, S., e Mehra, R., (2015), "Variation of annual effective dose due to radon level in indoor air in Marwar region of Rajasthan, India," AIP Conference Proceedings, 1675, pp. 0300981-030098-5. doi: 10.1063/1.4929314.

[111] Roobottom, C. A., Mitchell, G., e Morgan-Hughes, G., (2010), "Radiation-reduction strategies in cardiac computed tomographic angiography," Clin Radiol, 65 (11), pp. 85967. doi:10.1016/j.crad.2010.04.021.

[112] Royal Society, (2005), "Ocean acidification due to increasing atmospheric carbon dioxide", ISBN 0-85403-617-2.

[113] Sahoo, B. K., Sapra, B. K., Kanse, S. D., Gaware, J. J., e Mayya, Y. S., (2013), "A new pin-hole discriminated $Rn/^{222220}$ Rn passive measurement device with single entry face," Radiat. Meas., 58, pp. 52-60.

[114] Sahoo, S. K., Mohapatra, S., Chakrabarty, A., Sumesh, C. G., Jha, V. N., Tripathi, R. M., e Puranik, V. D., (2010), "Determination of uranium at ultratrace level in packed drinking water by Laser Fluotimeter and consequent ingestion dose," Radioprot., 45(1), pp. 55-66.

[115] Sankar, R., Ramkumar, L., Rajkumar, M., Sun, J., e Ananthan, G., "Seasonal variations in physico-chemical parameters and heavy metals in water and sediments of Uppanar estuary, Nagapattinam, India," J. Environ. Biol., 31(5), pp.

681-6.

[116] Seed, T. M., (2011). "Efeitos Agudos" . The Health Effects of Extraterrestrial Environments [Os Efeitos na Saúde dos Ambientes Extraterrestres]. Associação de Investigação Espacial das Universidades, Divisão de Ciências da Vida Espacial. https://three.jsc.nasa.gov/articles/SeedAcuteEffects.pdf.

[117] Segovia, N., e Cejudo, J., (1984), "Radon measurements in the interior of household dwellings", Nucl. Tracks Radiat. Meas., 8(14), pp. 407-410.

[118] Sekido, Y., Masuda, T., Yoshida, S., e Wada, M., (1951), "The Crab Nebula as an Observed Point Source of Cosmic Rays," Physical Review 83 (3), pp. 658-659. doi: 10.1103/PhysRev.83.658.2.

[119] Selden, I., Lundholm, C., Edlund, B., Hogdahl, C., Britt-Marie, Ek., Bergstroma, B. E. e Lundholm, C., (2009), "Nephrotoxicity of uranium in drinking water from private drilled wells," Environmental Research, 109(4), pp. 486-494.

[120] Sethy, N. K., Tripathi, R. M., Jha, V. N., Sahoo, S. K., Shukla, A. K., e Puranik, V. D., (2011), "Assessment of natural uranium in the ground water around Jaduguda uranium mining complex, India," J. Environ. Prot., 2, pp. 1002-1007.

[121] Sharma, (2008), "Atomic and Nuclear Physics," Pearson Education India, pp. 478. ISBN 978-81-317-1924-4.

[122] Shin, D. C., Kim, Y. S., Moon, J. Y., Park, H. S., Kim, J. Y., e Park, S. K., (2002), "International trends in risk management of groundwater radionuclides," J. Environ. Toxicol., 17(4), pp. 273284.

[123] Singh, B., Garg, V. K., Yadav, P., Kishore, N., e Pulhani, V., (2014), "Uranium in groundwater from Western Haryana, India," J. Radioanal. Nucl. Chem., 301, pp. 427-433.

[124] Singh, J., Singh, L. e Singh, G., (1995), "High U-contents observed in some drinking waters of Punjab, India", Journal of Environmental Radioactivity, 26(3), pp. 211-222.

[125] Singh, L., Kumar, R., Kumar, S., Bajwa, B. S., e Singh, S., (2013), "Health risk

assessments due to uranium contamination of drinking water in Bathinda region, Punjab state, India," Radioprot., 48(2), pp. 191-202.

[126] Singh, S., Malhotra, R., Kumar, J., e Singh, L., (2001), "Indoor radon measurements in dwellings of Kulu area, Himachal Pradesh, using solid state nuclear track detectors", Radiation Measurements, 34, pp. 505-508.

[127] Singh, S., Rani, A., Mahajan, R. K., e Walia, T. P. S., (2003), "Analysis of uranium and its correlation with some physicochemical properties of drinking water samples from Amritsar, Punjab," J. Environ. Monit., 5, pp. 917-921.

[128] Singh, S., Mehra, R., e Singh, K., (2005a), "Seasonal variation of indoor radon in dwellings of Malwa region, Punjab," Atmos. Environ., 39(40), pp. 7761-7767.

[129] Singh, S., Mehra, R., e Singh, K., (2005b), "Study of seasonal variations for radon pollution in the environment of Muktsar and Ferozepur districts of Punjab using LR-115 plastic track detectors," J. Environ. Sci. Eng., 47(4), pp. 286-289.

[130] Spalding, R.F., e Sackett, W. M., (1972), "Uranium in runoff from the Gulf of Mexico distributive province: anomalous concentrations," Science, 175(4022), pp. 629-631.

[131] Stranden E., Kolstadt A.K. e Lind B. 1984. Radon Exhalation: Moisture and Temperature Dependence. Health Phys. 44 (2), 145.

[132] Subba Ramu, M. C., Muraleedharan, T. S., e Ramachandran, T. V., (1988), "Calibration of a solid state nuclear track detetor for the measurement of indoor levels of radon and its daughters", Science Total Environ, 73(3), pp. 245-255.

[133] Tadmor, J., (1986), "Atmospheric release of volatilized species of radio-elements from coal-fired plants", Health phys., 50(2), pp. 270-273.

[134] Tahir, S. N. A., e Alaamer, A. S., (2009), "Concentrations of natural radionuclides in municipal supply drinking water and evaluation of radiological hazards", Environmental Forensics, 10(1), pp. 1-6.

[135] Thomas, D. C., e McNeill, K. G., (1982), "Risk Estimation for health effects of

alpha radiation", um relatório preparado para o Atomic Energy Control Board (AECB) publicado como AECB Research report.

[136] Tyson, J. L., Fairey, P. W., e Withers, C.R., (1993), "Elevated radon levels in ambient air", INDOOR AIR '93, Proceedings of the 6th International Conference on Indoor Air Quality and Climate, Helsínquia, Finlândia, 4, pp. 443-448.

[137] Relatório do Instituto de Medicina dos EUA, (2001), "Dietary Reference Intakes for Vitamin A, Vitamin K, Arsenic, Boron, Chromium, Copper, Iodine, Iron, Manganese, Molybdenum, Nickel, Silicon, Vanadium, and Zinc," National Academies Press, pp. 224 57. ISBN 978-0-309-07279-3.

[138] UNSCEAR, Comité Científico das Nações Unidas para os Efeitos das Radiações Atómicas, (1982), "Report Ionizing Radiation: Sources and Biological Effects", Relatório do UNSCEAR à Assembleia Geral com anexos científicos. Nações Unidas.

[139] UNSCEAR, Comité Científico das Nações Unidas para os Efeitos das Radiações Atómicas, (2000), "Sources and effects of ionizing radiation", Relatório à Assembleia Geral com Anexos Científicos. Vol. 1, Anexo B: Exposição a fontes naturais de radiação. Nações Unidas. UNSCEAR (2000). www.unscear.org/docs/report/annexb.pdf.

[140] USEPA, United States Environmental Protection Agency, (1991), "Federal Register 40 Parts 141 and 142 National Primary Drinking Water Regulations; Radionuclides: Proposed Rule", U.S. Government Printing Office, Washington, DC.

[141] USEPA, Agência de Proteção Ambiental dos Estados Unidos, (1999), "Radon in drinking water," Factsheet. EPA 815-F-99-007. http://water.epa.gov/scitech/drinking water/dws/radon/qa1.cfm.

[142] USEPA, United Sates Environmental Protection Agency, (2002), "Supplemental

guidance for developing soil screening levels for superfund sites", Washington, DC: Office of solid waste and emergency response; [OSWER 9355.4-24].

[143] USEPA, Agência de Proteção do Ambiente dos Estados Unidos, (2003), "Current drinking water standards," Ground water and drinking water protection agency (pp.1-12). Relatório elaborado por Wade Miller Associates.

[144] USEPA, Agência de Proteção do Ambiente dos Estados Unidos, (2010), "A Citizen's Guide to Radon", Washington, DC.

[145] USEPA, United Sates Environmental Protection Agency, (2011), Exposure factors handbook 2011 edition (Final): 2011. http://cfpub.epa.gov/ncea/risk/recordisplay.cfm?deid=236252.

[146] OMS, Organização Mundial de Saúde, (1971), "International Standards of Drinking Water", terceira ed., Genebra.

[147] OMS, Organização Mundial de Saúde, (1998a), Guidelines for drinking-water-quality . Adenda ao Volume 1. Recomendações. OMS, Genebra, Suíça.

[148] OMS, Organização Mundial de Saúde, (1998b), Guidelines for drinking-Water Quality. Adenda ao Volume 2. Critérios de saúde e outras informações de apoio OMS, Genebra, Suíça.

[149] OMS, Organização Mundial de Saúde, (1998), "Guidelines for drinking water quality," adenda ao vol.1, recomendações. Genebra, Suíça.

[150] Organização Mundial de Saúde, (2000), ""Towards an assessment of the socioeconomic impact of arsenic poisoning in Bangladesh: Health effects of arsenic in drinking water", OMS, Genebra, Suíça. (https://extranet.who.int/iris/restricted/bitstream/10665/66326/1/W HO_SDE_WSH_00.4.pdf).

[151] OMS, Organização Mundial de Saúde, (2004), "Guidelines for drinking-water quality," vol. 1, recomendações, 3rd ed., Genebra, Suíça. Genebra, Suíça.

[152] OMS, Organização Mundial de Saúde , (2008), "

Guidelinesfor

qualidade da água potável," 4.ª ed. Vol. 1. Genebra, Suíça.

[153] OMS, Organização Mundial de Saúde , (2011), "

Guidelinesfor

Drinking-Water Quality", quarta ed., Genebra, Suíça.

[154] Yadav, A. K., Sahoo, S. K., Mahapatra, S., Kumar, A. V., Pandey, G., Lenka, P., e Tripathi, R. M., (2014), "Concentrações de urânio na água potável e doses cumulativas de radiação dependentes da idade em quatro distritos de Uttar Pradesh, Índia," Toxicolog. Environ. Chem., pp. 1-11, DOI:10.1080/02772248.2014.934247.

[155] Ye-shin, K., Hoa-sung, P., Jin-yong K., Sun-ku, P., Byong-wook, C., Ig-hwan, S., e Dong-chun, S., (2004), "Health risk assessment for uranium in Korean groundwater," J. Environ. Radioact., 77, pp. 77-85.

[156] Yoshinaga, S., Mabuchi, K., Sigurdson, A. J., Doody, M. M., Ron, E., (2004), "Cancer risks among radiologists and radiologic technologists: Review of epidemiologic studies", Radiology, 233(2), pp. 313-321.

[157] Young, D. A., (1958), "Etching of radiation damage in lithium fluoride". Nature, 182(4632), pp. 375-377.

[158] Yu, K. N., Guan, Z. J., Stoks, M. J., e Young, E. C., (1992), "The assessment of natural radiation dose committed to the Hong Kong people", J. Environ. Radioact., 17, pp. 31-48.

Printed by Books on Demand GmbH, Norderstedt / Germany